张量学习三讲

——学习和理解张量的基础

Three Lectures on the Tensor

A Foundation to Learn and Understand the Tensor

赵松年　于允贤　著

科　学　出　版　社

北　京

内 容 简 介

学习和掌握张量基本知识是研究各种物质和结构的连续介质力学的基础，当然也是研究晶体结构、广义相对论的基础。然而，当前对张量的讲述和介绍方式的复杂化倾向，造成理解和运用它的很大困难。本书试图通过笛卡儿坐标系及其对偶坐标形式，引入张量概念和基本运算，阐明张量本质上是坐标变换，熟悉求和约定和指标表示是其关键，从而使张量能够体现出数学本身简单、和谐和美的统一，使得阅读和学习张量成为轻松愉悦的事，而不是一种沉重的学习负担。在阅读和理解了本书介绍的内容之后，能使读者达到张量入门级的水平。

本书叙述方式新颖，篇幅短小，内容精练，可读性高，图文并茂，可供物理学、力学、热能与动力工程、工程结构设计等相关专业本科生、研究生使用和参考，也可供科技工作者阅读使用。

图书在版编目(CIP)数据

张量学习三讲：学习和理解张量的基础/赵松年，于允贤著. —北京：科学出版社, 2018.3

ISBN 978-7-03-056966-0

I. ①张… II. ①赵… ②于… III. ①张量-普及读物 IV. ①O183.2-49

中国版本图书馆 CIP 数据核字(2018) 第 050068 号

责任编辑：刘信力／责任校对：邹慧卿
责任印制：吴兆东／封面设计：陈 敬

科学出版社 出版
北京东黄城根北街 16 号
邮政编码：100717
http://www.sciencep.com
北京虎彩文化传播有限公司印刷
科学出版社发行 各地新华书店经销

2018 年 3 月第 一 版 开本: 720 × 1000 B5
2024 年 4 月第十四次印刷 印张: 8
字数: 85 000

定价: 48.00 元

序　言

读者朋友，当你读这本小册子的时候，作为作者，我们希望它能真正成为学习、理解和应用张量的捷径。因此，这本小册子的页数和字数是严格控制的，否则，即使不论可读性如何，叙述是否易懂，仅就小册子的容量超载，已经够不上捷径的标准。当今，生活节奏加快，研究生学制缩短，业余兴趣多元化，用于学习的时间不断减少。既然张量作为数学工具，许多读者只想知道如何用，对它的来龙去脉并无兴趣。我们充分考虑了这种情况，因而，限定小册子只有 3 篇，即：**基础篇**、**运算篇**和**应用篇**。从物理学的角度来看，在应用篇中以流体力学、电磁场和引力场为例，这些都是应当具备的基本知识，能适应不同专业的读者；从几何学的观点来看，就是从笛卡儿坐标系到闵可夫斯基平直时空坐标系再到黎曼弯曲空间坐标系的递进，不需要读者具有超过高等数学和普通物理学的背景知识，书中配有许多图示，提供了直观理解的途径，阅读这本小册子也不需要花费很多时间。

我们历经寒来暑往，阅读文献，对比研究，增删内容，调整顺序，斟酌推敲，反复修改，为的是实现我们的心愿：为学习张量知识的读者，提供一本名副其实的捷径读本。经过万般思索，对偶坐标系概念的闪现，使疑难困境豁然开朗，正像当年合作撰写《子波分析与子波变换》时那样，苦思冥索两年之久，Cantor 三分集掠过脑海，顿时醒悟，正是踏破铁鞋无觅处，得来全不费工夫，子波的数学解释的难点得以迎刃而解。现在通过引入对偶坐标系的概念，使这个心愿的实现有了可能，能否最后实现，就要看我们的努力程度如何，知识水平是否到位。我们都已是耄耋老者，写作的环境简陋而狭小，又要面对很多困难，这是何求？其实目的也很简单，就是做一点力所能及的有益工作，我们也是科技人员，曾经在学习和扩展知识的过程中，不仅从那些优秀的专业著作中吸取营养，学到知识，还为我们读过的那些优秀著作的作者、译者和广大科技教育出版领域中的编辑的敬业精神，默默无闻的耕耘所感动，一直不忘，时至今日，仍然记忆犹新。

在 20 世纪 60 年代到 80 年代，张量分析、微分流形和纤维丛等微分几何分支学科正是在国际上迅速发展的关键时期，在许多科技领域得到广泛应用。然而，国内却处于停滞状态，90 年代开始，逐渐开展了一些研究，个别高校的力学系在连续介质力学课程中开设了介绍张量的选修课，也有在物理系讲授场论课程时，介绍张量基本知识的情况，意图是适应国际科学技术界张量迅速发展的态势，改变国内张量分析学科的落后局面。但是，直到现在，物理解释清楚、可读性很高，可供大学生、教师、科技人员学习的张量书籍仍然很少，鼓励专业人员编写、翻译这方面的著作，为大学生和科技人员提供各种数学读物，是提高张量分析水平和普及张量基本知识的有效途径之一。

没有优秀著作，对于教育工作者来说，终究是一件很遗憾的事。优秀的著作是大学、研究所和作者本人对科学技术事业的纪念碑式的贡献，人们可能并不记得作者的头衔、荣誉那些虚名，但是会记住那些优秀著作和它们作者的名字。

这次为写这本小册子，我们购买了国内外 40 种专著 (有些较早出版的中文张量书籍已经很难买到)，内容涉及以连续介质力学为应用对象的张量分析，以场论特别是广义相对论为应用的张量运算和以微分几何与群论为主的张量理论。我们已经对相关内容反复多次读过，进行相互对比，也从网易公开课上听了美国斯坦福大学理论物理公开课的一组 6 节张量和引力的课程，有中文字幕，由资深的名家教授开讲，由于讲课时没有 PPT，只有几页纸的提纲，讲得比较吃力，听众也不时发问，表示听不明白。我们设想，如果将这个小册子制成 PPT，可以确信，不仅节省了在黑板上大量书写公式的时间，避免了张量上下角标容易出错的情形，效果会有明显改进，而且，通过对偶坐标的方式引入张量，能使读者豁然开朗，学习和理解张量的乐趣油然而生。我们凝聚心神的小册子就要出版与读者见面了，学习自然是需要刻苦努力的，希望读者能够仔细阅读，认真思考，理解和掌握基本的张量知识。若能如此，那就是对我们的辛苦和努力的最好回报！

这本小册子的一部分内容曾以论文《从坐标系到张量 —— 学习和理解张量的一条捷径》，于 2016 年在《力学与实践》第 38 卷第 4 期 (第 432—442 页) 上发表，受到读者的欢迎，下载次数很多。当时，由于我们身体健康状态较差，有些重要内容未能包括在内，也有个别打印错误未能改正，尽管如此，从未见面的胡漫编辑对该文编辑的一丝不苟的敬业精神和对论文长度的宽容，无论从作者的感受还是从读者的阅读方便而言，都是值得敬佩和感谢的，在此，我们向她表示衷心的感谢！

还要感谢《中国科学：物理学、力学、天文学》的王维编辑，同样也是未曾见面，与胡非教授合作的一篇论文从评审、修改到符合录用标准，她也是极具耐心，不断提出修改建议，完善了文中插图、文字表述，最终得以刊出，受到读者欢迎，对于王维博士在编辑工作中的认真、耐心和平和，我们一直记忆在心，借此机会，向她表示诚挚的感谢。

北京信息科技大学的刘畅博士给予作者很多及时的帮助，在此向他表示由衷的感谢。

感谢中国科学院大气物理研究所所长朱江教授的关心和支持。

程文君高级实验师一直关心、帮助和支持作者实现撰写这本小册子的心愿，尽其所能，帮助作者处理许多日常繁杂的事物；她和她的伙伴胡春红大夫、贾蕊副处长、胡景琳女士与作者的同事情谊，难能可贵，作者铭记在心。

LAPC 的程雪玲教授也给作者提供了许多便利条件和帮助，在此深致谢意。

胡非教授是大气湍流领域著名的科学家，在繁忙的科研和教学任务中，还一直记挂着和热忱地关注着我们，难能可贵，感人至深，借此机会，向他表示深深的谢意。

我们还要衷心感谢的几位教授朋友，他们是张兆田、熊小芸、邱钧、沈兰荪、卓力和张菁教授，对他们的关心、帮助和朋友情谊，深怀感激之情，永驻心中。

此外，还有几位同事和朋友，经常的关心问候，令人感动，他们是叶卓佳研究员、贾新媛研究员，陈焕森高级实验师。

这本小册子撰写和出版得到国家自然科学基金项目 (41675010, 61271425) 的部分支持，谨致衷心的谢意。

自 2016 年作者的《湍流问题十讲》一书出版之后，受到读者的关注，指出书中错误不当之处，特别是物理学与生物复杂性领域研究卓有成绩的上海交通大学长江学者敖平教授，虽未曾见面，却是仔细阅读了该书和有关张量的论文，除了指出排印中的错误，还热情地肯定该书出版的价值，借此机会，向他们表示由衷的感谢。

作者原本打算在 2016 年科学出版社出版《湍流问题十讲》一书时，作为该书的附录，但是，正逢身体不适，未能如愿，这就只能另外作为小册子单独出版，以便供需要张量知识的读者阅读使用 (这一想法得到科学出版社副编审刘信力博士的理解和支持，作者铭记在心)，当然，内容更充实一些，主要是补充了应用方面的内容，作者不改初衷，在这本小册子的页数和字数，可读性和简明程度方面，尽量做到内容精炼，易读易懂，使这本小册子对学习张量能够称得上是捷径，也是我们对读者的心愿。

赵松年 (中国科学院大气物理研究所)
于允贤 (中国地震局地震灾害防御中心)
2017 年 7 月 27 日于北京

目　　录

第一讲　基础篇：坐标系

“张量”(tensor, 紧张，张力) 一词，最早是德国著名数学家和语言学家格拉斯曼 (H. G. Grassmann, 1809~1877) 用于表达他提出的外微分形式和线性扩张理论的计算，之后，由哈密尔顿 (W. R Hamilton) 引入他的四元数 (1846 年)。赋予张量一词现代数学物理学意义的是沃格特 (Woldemar Voigt)，1899 年他用张量一词描述非刚体在出现应力和应变情况时的状态；而建立张量基本理论的则是意大利数学家里奇 (G. Ricci, 1853~1925) 和他的学生勒维–齐维塔 (T. Levi-Civita, 1873~1941)，当时他们将自己的重要著作称作“绝对微分学”(The Absolute Differential Calculus)，就是现在的“张量计算”(Calculus of Tensors)；在爱因斯坦于 1906 年至 1915 年研究广义相对论的过程中，从勒维–齐维塔那里学张量知识，实际上是从他在苏黎世联邦理工学院的同学、几何学家格罗斯曼 (M. Grossmann) 那里学习、理解和掌握了张量这一有效的数学工具，即用张量建立的物理方程的数学形式具有普适性，与选择何种坐标系无关，这就是协变性。爱因斯坦虽然学得很艰苦，但效果还是很显著的，他终于用张量这一数学工具建立了广义相对论，极大地推动了张量理论的研究和应用的发展。虽然高斯 (C. F. Gauss)、黎曼 (B. Riemann)、克里斯托费尔 (E. B. Christoffel) 等早在 19 世纪就引入了张量的概念，随后又由里奇和勒维–齐维塔进一步发展。但是，张量只是在广义相对论中展示出数学形式的简洁优美，揭示时空结构的深刻性和统一性，以及强大的预测能力之后，才成为近代微分几何学的重要学科分支——张量分析，并在许多自然学科与工程技术中得到得到迅速发展。

在应用基础研究方面，无论是大尺度高速旋转的星系的结构演化，还是中小尺度的弹塑性物体、薄壳结构、桁架、桥梁等，在超载荷作用下产生大形变，甚至微小尺度的晶体结构、小形变的流体力学，都需要采用张量分析这一有效的数学工具。只不过前者是曲线坐标系的张量分析，后者是正交坐标系的张量计算。

我们知道，笛卡儿坐标系中各坐标轴互相正交，使得任一矢量的分解等效于在各坐标轴上的投影，矢量间的加法、乘法和微分、积分运算非常简洁。当立方体受到剪切力的作用发生形变时，各边不再正交，而形成斜角，投影与矢量的平行四边形分解不再等价，分析与运算变得很繁复。蜿蜒起伏的河流，各种复杂的弹性和塑性形变，则需要用曲线坐标系来描述，张量就是适应这些情况产生的一种数学工具，其中包括一些坐标之间的变换规则，主要是为了保证分析和运算的自洽性和一致性，判断经过这种变换后是否仍是张量，也就是里奇的具有变革意义的协变性思想，目的是在斜角直线 (仿射) 坐标系和曲线坐标系中建立类似于笛卡儿坐标系中矢量运算的规则，采用对偶坐标系可以做到这一点。进一步，将矢量与坐标点的数组对应起来，就可以在流形的意义下处理张量运算。当曲线坐标系的坐标轴彼此正交时，就退回到笛卡儿坐标系，这就意味着曲线坐标系中的张量与矢量运算退化为笛卡儿坐标系的张量与矢量运算，主要是梯度、散度和旋度的运算。但是，曲线坐标系中的基矢量的大小和方向将随着坐标点的不同而变化，是局部坐标系；笛卡儿坐标系则是整体坐标系，基矢量在空间各处都是一样的。

张量是什么？直观上，可以认为它是矢量的扩展，或称作矢量的矢量、多重矢量。下面我们用最简单的方法引入对偶坐标系、指标表示、求和约定和坐标变换，它们是理解张量及其运算的基础。

1.1 对偶坐标系

在笛卡儿直角坐标系中，首先给出求和约定，然后介绍三种常见的坐标系各自的特点，说明引入对偶坐标系的方法，这是进行坐标变换和理解张量的关键所在，也是理解张量运算的基础。

1. 标架

空间一固定点 O 与三个有序基矢量的构型全体称之为标架，已有的各种坐标系就是用与各个基矢量方向一致的坐标轴线代替基矢量，因此是标架的特例。

2. 求和约定

爱因斯坦在研究广义相对论时，需要处理大量求和运算，为了简化这种繁复的运算，提出了求和约定，推动了张量分析的发展，具有重要意义，现在，它包括如下 3 点：

约定 1. 省去求和符号 $\sum$：在公式中，某一项的不同字母和变量分别有重复一次的上角标和下角标时 (称作 “哑标”，一般取值是 1,2,3)，求和符号 $\sum$ 略去，如下所示。

$$S = a_1x^1 + a_2x^2 + \cdots + a_nx^n = \sum_{i=1}^{n} a_ix^i$$
$$= \sum_{k=1}^{n} a_kx^k = a_ix^i = a_kx^k = \cdots = a_jx^j$$

$$\sum_{i=1}^{3}\sum_{j=1}^{3} A_{ij}x^iy^j = A_{ij}x^iy^j$$

$$\sum_{i=1}^{3}\sum_{j=1}^{3}\sum_{k}^{3} A_{ijk}x^iy^jz^k = A_{ijk}x^iy^jz^k$$

要注意的是，哑标必须是一上一下或上下数目对等，在每一项中的重复次数不能多于一次，不然就是错误的，没有意义，例如 $a_ib^ix_i$，$B_{ij}x^iy^iz^j$(这里的“哑标”也称作“傀标”，均对应于 dummy suffix 或 dummy index，它的含义就是虚设的指标，只是临时性的，经过求和之后就消失了。)。

约定 2. 自由标，在表达式的每一项中，出现一次且仅出现一次，用同一字母表示的下角标，如 $A_{ij} = B_{ip}C_{jq}D^{pq}$，自由标是 i 和 j，表示方程或变量的数目，并不作求和运算，哑标是 p 和 q；而像这样的表示式 $a_i = b_j + c_i$，$A_{ij} = A_{ik}$，都是无意义的。利用自由标也可以简化数学公式，如 $y_i = A_{ij}x^j$，用自由标 i 表示方程的数目，哑标 j 表示求和，一般取值为：$i, j = 1, 2, 3$；$y_i = A_{ij}x^j$ 实际上是下述方程的缩写

$$y_i = A_{ij}x^j \leftrightarrow \begin{cases} y_1 = A_{1j}x^j = A_{11}x^1 + A_{12}x^2 + A_{13}x^3 \\ y_2 = A_{2j}x^j = A_{21}x^1 + A_{22}x^2 + A_{23}x^3 \\ y_3 = A_{3j}x^j = A_{31}x^1 + A_{32}x^2 + A_{33}x^3 \end{cases}$$

约定 3. 数学表达式中，指标的“高度”是指上角标与下角标的

属性，同一高度的意思就是同为上角标或同为下角标。由上角标变为下角标是指标降低，反之是指标升高。

在斜角坐标系和曲线坐标系中，张量的重要内容是坐标、指标之间的转换，熟悉求和约定是很重要的。

3. 坐标系

下面的讨论限于实空间 $\mathbb{R}^3$，就是有实际意义并具有几何解释的情形。先讨论笛卡儿直角坐标系，接着讨论斜角直线坐标系，然后再推广至曲线坐标系 (如图 1.1 所示)。

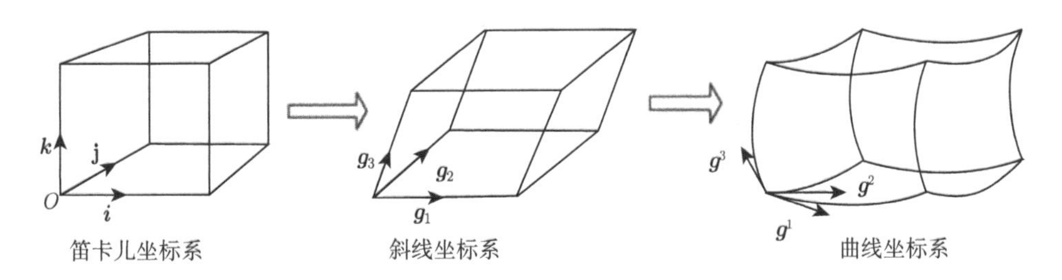

图 1.1 三个坐标系，图中给出了基矢量组成的标架

在实空间 $\mathbb{R}^3$ 中，有正交直角坐标系 (笛卡儿坐标系)，斜角直线坐标系 (仿射坐标系) 和曲线坐标系 (包括正交曲线坐标系)，记为 $O\text{-}x_1x_2x_3(x_1,x_2,x_3$ 也称作协变坐标)。对于这些坐标系均可以引入具有共同原点 O 的对偶坐标系 $O\text{-}x^1x^2x^3(x^1,x^2,\ x^3$ 也称作逆变坐标系)，也就是用具有上、下角标的对偶表示方法区分两类坐标系，同一个矢量 $\boldsymbol{d}$ 在不同的坐标系中记为 $\boldsymbol{d}_1$ 和 $\boldsymbol{d}^1$；它们在坐标系中，按照平行四边形分解的分量也用这种记法：$\boldsymbol{d}_1=\boldsymbol{a}^1x_1+\boldsymbol{a}^2x_2+\boldsymbol{a}^3x_3$ 和 $\boldsymbol{d}^1=\boldsymbol{a}_1x^1+\boldsymbol{a}_2x^2+\boldsymbol{a}_3x^3$，式中，$\boldsymbol{a}^1$，$\boldsymbol{a}^2$，$\boldsymbol{a}^3$ 是 $O\text{-}x_1x_2x_3$ 坐标系中的基矢量，$\boldsymbol{a}_1$，$\boldsymbol{a}_2$，$\boldsymbol{a}_3$ 是 $O\text{-}x^1x^2x^3$ 坐标系中的基矢量。之所以采用 $\boldsymbol{d}_1$

和 $\boldsymbol{d}^1$ 这样的上、下角标记法，就是表示具有上角标的基矢量是具有下角标的基矢量的“对偶”，在这里上角标不是指数。对偶记法在张量分析中非常有用：既区分不同的坐标系和它的基矢量，又便于微分和乘法运算。现在，我们通过矢量的点乘运算说明对偶基矢量之间的关系，不同坐标系如何简化复杂的运算：

$$\begin{aligned}\boldsymbol{d}_1\cdot\boldsymbol{d}^1 &= (\boldsymbol{a}^1x_1+\boldsymbol{a}^2x_2+\boldsymbol{a}^3x_3)(\boldsymbol{a}_1x^1+\boldsymbol{a}_2x^2+\boldsymbol{a}_3x^3)\\ &= \boldsymbol{a}_1\boldsymbol{a}^1x_1x^1+\boldsymbol{a}_2\boldsymbol{a}^1x_2x^1+\boldsymbol{a}_3\boldsymbol{a}^1x_3x^1\\ &\quad+\boldsymbol{a}_1\boldsymbol{a}^2x_1x^2+\boldsymbol{a}_2\boldsymbol{a}^2x_2x^2+\boldsymbol{a}_3\boldsymbol{a}^2x_3x^2\\ &\quad+\boldsymbol{a}_1\boldsymbol{a}^3x_1x^3+\boldsymbol{a}_2\boldsymbol{a}^3x_2x^3+\boldsymbol{a}_3\boldsymbol{a}^3x_3x^3\end{aligned}\tag{1-1}$$

有了式 (1-1)，就可以对不同的坐标系进行分析。为了方便起见，可以把基矢量表示成矩阵形式

$$\boldsymbol{a}_i\boldsymbol{a}^j=\begin{bmatrix}\boldsymbol{a}_1\boldsymbol{a}^1 & \boldsymbol{a}_1\boldsymbol{a}^2 & \boldsymbol{a}_1\boldsymbol{a}^3\\ \boldsymbol{a}_2\boldsymbol{a}^1 & \boldsymbol{a}_2\boldsymbol{a}^2 & \boldsymbol{a}_2\boldsymbol{a}^3\\ \boldsymbol{a}_3\boldsymbol{a}^1 & \boldsymbol{a}_3\boldsymbol{a}^2 & \boldsymbol{a}_3\boldsymbol{a}^3\end{bmatrix},\quad i,j=1,2,3\tag{1-2}$$

下面我们要做的就是设法让式 (1-2) 可以表示成

$$\boldsymbol{a}_i\boldsymbol{a}^j\delta_i^j=\begin{cases}a_ia^i, & i=j;\\ 0, & i\neq j;\end{cases}\qquad i,j=1,2,3$$

无论是对偶表示，还是张量与基矢量的坐标变换，都是为了这一目的。

1.2　笛卡儿直角坐标系

这时，矢量分解的平行四边形是矩形，它和矢量 $\boldsymbol{d}_1$ 和 $\boldsymbol{d}^1$ 分别在 O-$x_1x_2x_3$ 坐标系和 O-$x^1x^2x^3$ 坐标系中各坐标轴上的投影完全等

效，通过旋转和平移，$O\text{-}x_1x_2x_3$ 坐标系和 $O\text{-}x^1x^2x^3$ 坐标系总可以完全重合 (也就是同胚映射或双方单值，光滑的恒等变换)，如图 1.2 所示。由此很容易得出基矢量 $\boldsymbol{a}_i$ 和 $\boldsymbol{a}^i$ $(i=1,2,3)$ 的如下结果：

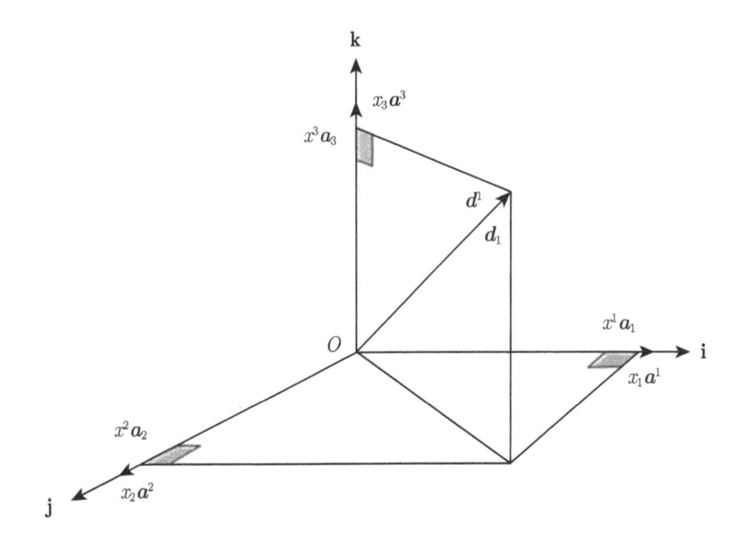

图 1.2　笛卡儿直角坐标系

凡是笛卡儿坐标系，无论处于空间何处，都可以看成同一个坐标系，单位基矢量不变，因此，是整体坐标系。至于处于其中的具体矢量，需要计入坐标系的平移和旋转后的效果

(1) 基矢量 $\boldsymbol{a}_i$ 和 $\boldsymbol{a}^i$ 是单位基矢量：$\boldsymbol{a}_1=\boldsymbol{a}^1\to\mathbf{i}$，$\boldsymbol{a}_2=\boldsymbol{a}^2\to\mathbf{j}$，$\boldsymbol{a}_3=\boldsymbol{a}^3\to\mathbf{k}$；

(2) 它们是正交的基矢量：$a_1//ta^1$，$a_2//a^2$，$a_3//a^3$；$\boldsymbol{a}_2\perp\boldsymbol{a}^1$，$\boldsymbol{a}_3\perp\boldsymbol{a}^1$；$\boldsymbol{a}_1\perp\boldsymbol{a}^2$，$\boldsymbol{a}_3\perp\boldsymbol{a}^2$，$\boldsymbol{a}_1\perp\boldsymbol{a}^3$，$\boldsymbol{a}_2\perp\boldsymbol{a}^3$；

(3) $\boldsymbol{a}_i$ 和 $\boldsymbol{a}^i$ 的点积具有单位正交基矢量的特性：

$$\boldsymbol{a}_1\cdot\boldsymbol{a}^1=\boldsymbol{a}_2\cdot\boldsymbol{a}^2=\boldsymbol{a}_3\cdot\boldsymbol{a}^3=1$$

$$\boldsymbol{a}_2\cdot\boldsymbol{a}^1=\boldsymbol{a}_3\cdot\boldsymbol{a}^1=\boldsymbol{a}_1\cdot\boldsymbol{a}^2=\boldsymbol{a}_3\cdot\boldsymbol{a}^2=\boldsymbol{a}_1\cdot\boldsymbol{a}^3=\boldsymbol{a}_2\cdot\boldsymbol{a}^3=0$$

因此，两个矢量的点积运算具有如下简洁的形式

$$\begin{aligned}\boldsymbol{d}_1\cdot\boldsymbol{d}^1&=\boldsymbol{a}_1\cdot\boldsymbol{a}^1x_1x^1+\boldsymbol{a}_2\cdot\boldsymbol{a}^2x_2x^2+\boldsymbol{a}_3\cdot\boldsymbol{a}^3x_3x^3\\&=x_1x^1+x_2x^2+x_3x^3\end{aligned}\tag{1-3}$$

矩阵 $\boldsymbol{a}_i\boldsymbol{a}^j$ 简化为单位对角矩阵

$$\boldsymbol{a}_i\boldsymbol{a}^j=\delta_j^i=\begin{bmatrix}1&0&0\\0&1&0\\0&0&1\end{bmatrix}$$

由于 $\boldsymbol{d}_1$ 和 $\boldsymbol{d}^1$ 本就是同一个矢量，它们在对偶坐标系中的对应分量是相等的，即 $x_1=x^1$，$x_2=x^2$，$x_3=x^3$，$\boldsymbol{d}_1\cdot\boldsymbol{d}^1=(d)^2$ (注意：为了将对偶的上指标与指数区分开来，无圆括号的字符的上角标表示对偶，如 d^2；有圆括号的字符的上角标是指数，如 $(d)^2$)。由此可得

$$\begin{aligned}\boldsymbol{d}_1\cdot\boldsymbol{d}^1=\boldsymbol{d}^1\cdot\boldsymbol{d}_1&=(d)^2=(x_1)^2+(x_2)^2+(x_3)^2\\&=(x^1)^2+(x^2)^2+(x^3)^2\end{aligned}\tag{1-4}$$

矢量模的平方等于各坐标分量的平方和，在更广泛的意义上，式 (1-4) 就是一类正交变换群。所以，笛卡儿直角坐标系只需要一组基矢量，就是我们熟悉的 **i**，**j**，**k**。在这里，可以把笛卡儿坐标系设想为两个正交的对偶坐标系的重合，为讨论和理解斜角直线坐标系和曲线坐标系中如何引入对偶基矢量以及张量分析奠定了基础。

1.3　斜角直线坐标系

如果不是笛卡儿直角坐标系，而是斜角直线坐标系，那情况将如何？在摄影和景物透视中经常遇到的仿射坐标系，就是现在要讨论的

斜角直线坐标系，它本身不再是正交坐标系，因此，也就不能类似于在笛卡儿坐标系中所做的那样，引入正交对偶坐标系。一个可行的办法是适当放宽正交性这个条件，如果斜角直线坐标系记为 $O\text{-}x_1x_2x_3$，引入的对偶坐标系记为 $O\text{-}x^1x^2x^3$，放宽正交性这个条件，就是不要求 $O\text{-}x^1x^2x^3$ 是正交的，而是仅仅要求 $O\text{-}x^1x^2x^3$ 坐标系的每一个坐标轴 (如 x^1 轴) 分别垂直于 $O\text{-}x_1x_2x_3$ 坐标系中另两个坐标轴构成的坐标平面 (如 Ox_2 轴与 Ox_3 轴构成的坐标平面 Ox_2x_3)，即

$$x^1 \perp Ox_2x_3; \quad x^2 \perp Ox_3x_1; \quad x^3 \perp Ox_1x_2 \tag{1-5}$$

坐标轴之间的垂直关系如图 1.3 所示。在微分几何中，式 (1-5) 就是正交群变换的基本条件，它与式 (1-4) 是等价的 (保距变换：长度不变)，下面就是该变换的几何解释和说明。

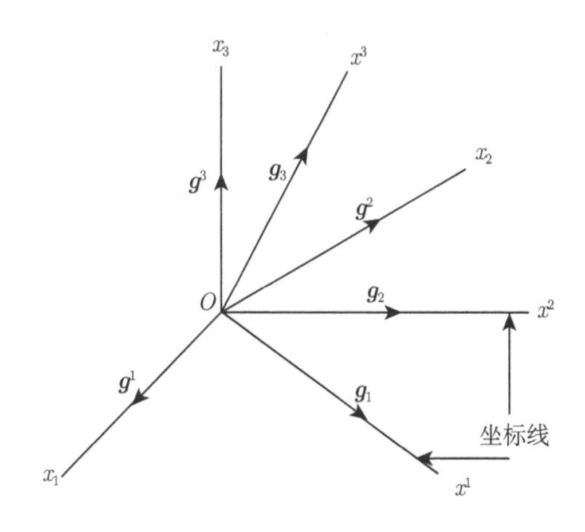

图 1.3 斜角直线坐标系

基矢量为上角标时，对应的坐标系是下角标；反之亦然；下角标是协变量，上角标是逆变量

图中的 $\boldsymbol{g}_1$，$\boldsymbol{g}_2$，$\boldsymbol{g}_3$ 是坐标系 $O\text{-}x^1x^2x^3$ 的基矢量，称作协变基矢量；$\boldsymbol{g}^1$，$\boldsymbol{g}^2$，$\boldsymbol{g}^3$ 是坐标系 $O\text{-}x_1x_2x_3$ 的基矢量，称作逆变基矢量(具有上角标的基矢量处于具有下角标的坐标系，反之亦然)。不必规定它们是单位长度，也不要求是否具有量纲单位，由此区别于笛卡儿直角坐标系的基矢量 $\mathbf{i}$，$\mathbf{j}$，$\mathbf{k}$。虽然 $\boldsymbol{g}_1$，$\boldsymbol{g}_2$，$\boldsymbol{g}_3$ 之间并不互相正交，$\boldsymbol{g}^1$，$\boldsymbol{g}^2$，$\boldsymbol{g}^3$ 也是如此，但是，根据式 (1-3)，它们具有正交坐标系的部分特性，即

$$\boldsymbol{g}_1 \perp \boldsymbol{g}^2, \boldsymbol{g}^3; \quad \boldsymbol{g}_2 \perp \boldsymbol{g}^3, \boldsymbol{g}^1; \quad \boldsymbol{g}_3 \perp \boldsymbol{g}^1, \boldsymbol{g}^2 \tag{1-6}$$

由此，逆变基矢量 $\boldsymbol{g}^1$，$\boldsymbol{g}^2$，$\boldsymbol{g}^3$ 和协变基矢量 $\boldsymbol{g}_1$，$\boldsymbol{g}_2$，$\boldsymbol{g}_3$ 联合起来，就具有了类似于笛卡儿坐标系中基矢量 $\mathbf{i}$，$\mathbf{j}$，$\mathbf{k}$ 之间的关系：

$$\boldsymbol{g}^i \cdot \boldsymbol{g}_j = \delta^i_j = \begin{cases} 1, & i = j \\ 0, & i \neq j \end{cases}, \quad i, j = 1, 2, 3 \tag{1-7}$$

任一矢量 $\boldsymbol{v}$ 既可以在协变基矢量中分解 $\boldsymbol{v} = v^i\boldsymbol{g}_i$，也可以在逆变基矢量中分解 $\boldsymbol{v} = v_i\boldsymbol{g}^i$，$v^i$ 和 v_i 是矢量 $\boldsymbol{v}$ 的逆变和协变分量，有如下简洁的表达式

$$\begin{aligned} \boldsymbol{v} &= v_i\boldsymbol{g}^i = v_1g^1 + v_2g^2 + v_3g^3 \\ &= v^j\boldsymbol{g}_j = v^1g_1 + v^2g_2 + v^3g_3 \end{aligned} \tag{1-8}$$

这也就是引入对偶坐标系的目的。后面将会看到，对偶坐标的几何表示与张量指标的代数表示之间，一一对应，体现了二者存在简单的对称关系，体现了数学之美。现在，由图 1.3 可以看出，处于坐标系 $O\text{-}x^1x^2x^3$ 中的任一协变基矢量 $\boldsymbol{g}_i$，都可以沿着逆变基矢量分解为 3 个分量，在坐标系 $O\text{-}x_1x_2x_3$ 中的逆变基矢量 $\boldsymbol{g}^i$ 也可以沿着协变基矢量分解为 3 个分量。3 个协变基矢量 $\boldsymbol{g}_i(i = 1, 2, 3)$ 共有 9 个逆变

基矢量分量，如下式所示 (需要指出，不单是基矢量，更一般地，对于任何协变矢量，逆变矢量都是如此)

$$\boldsymbol{g}_i = g_{ij}\boldsymbol{g}^j, \quad i,j=1,2,3 \tag{1-9}$$

显然，$g_i \cdot g^i = g_{ij}g^j \cdot g^{ij}g_i = g_{ij} \cdot g^{ij} = 1$，$g^{ij} = [g_{ij}]^{-1}$。式中系数 g_{ij} 称为协变度量 (度规) 张量的分量，类似地，逆变基矢量 $\boldsymbol{g}^i$ 沿着协变 $\boldsymbol{g}_j$ 基矢量分解也有 9 个分量

$$\boldsymbol{g}^i = g^{ij}\boldsymbol{g}_j, \quad i,j=1,2,3 \tag{1-10}$$

式中系数 g^{ij} 称为逆变度量 (度规) 张量的分量。由此可知，由 9 个分矢量构成一个新的量，就是张量，可以说这 9 个分矢量也是张量的“实体”，称作二阶张量，或看作是二重矢量，也就是矢量的矢量 (有 2 个指标，如 i，j)。通常，矢量有 3 个分矢量，称作一阶张量 (有 1 个指标，如 i)，标量自然是零阶张量 (无指标)。

图 1.4 所示是一个三阶张量 $\boldsymbol{T}_{ijk}(i,j,k=1,2,3)$，或三重矢量，共有 27 个分量，可以用一个立方体矩阵表示。当然，将张量与多重矢量联系起来，只不过是一种基于矢量和矩阵运算的引申，目的是从已有的矢量和矩阵知识更容易设想和理解张量的实体，下面还会提到基于物理意义导出的张量的另一种定义。

图 1.5 所示是一个矢量 $\boldsymbol{r}$ 在对偶的斜角直线坐标系中的分解，因为坐标系是非正交的，已经不能按投影方法分解，投影的平行四边形是矩形，在斜角直线坐标系中不适用，只能按平行四边形方法分解，它与投影不等价。图中矢量 $\boldsymbol{r}$ 在对偶坐标系中可以表示为 $\boldsymbol{r} = r^i \cdot g_i = r_i \cdot g^i$，$r^i$ 是 (逆变) 坐标系 $O\text{-}x^1x^2x^3$ 中的逆变分量，而 r_i 就是 (协变) 坐标系 $O\text{-}x_1x_2x_3$ 中的协变分量。斜角直线坐标系的对偶

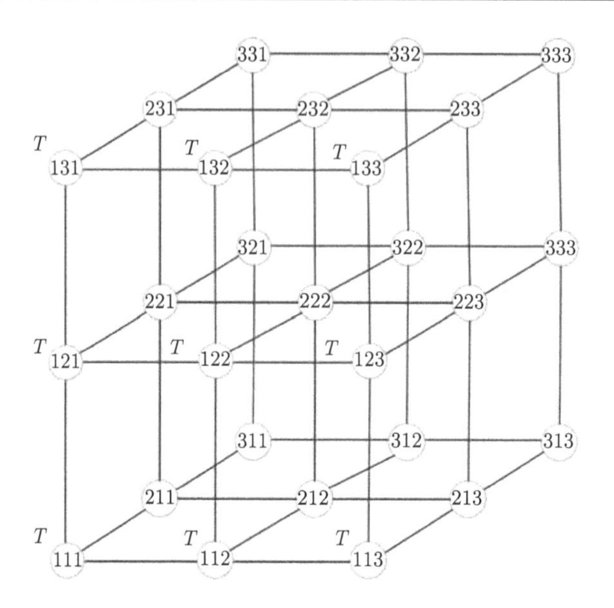

图 1.4　用立方矩阵表示的一个三阶张量的分量

圆圈内的数字表示三阶张量 $\boldsymbol{T}_{ijk}$ 中各元素的排列顺序

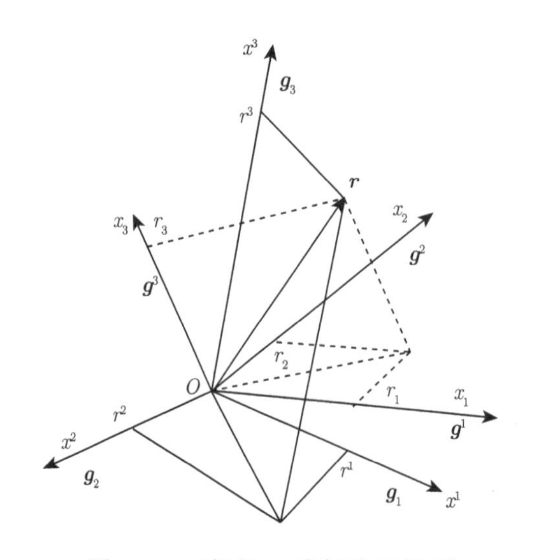

图 1.5　对偶的三维斜线坐标系

矢量 $\boldsymbol{r}$ 是按平行四边形分解的，如细实线 (在 $O\text{-}x^1x^2x^3$ 坐标系)

和点画线 (在 $O\text{-}x_1x_2x_3$ 坐标系) 所示

基矢量在坐标 (轴) 线的空间各点的方向和长度都是不变的，但其长度不必要求是单位长度。在笛卡儿坐标系，基矢量 **i**，**j**，**k** 既具有单位长度，又互相正交，因此，在运算中可以只考虑其方向，而不考虑它们的幅度。对于斜角直线坐标系，基矢量的方向和幅度会影响运算结果，因此，需要确定基矢量的长度。首先，斜角直线坐标系各轴线间的夹角与基矢量的长度有关，设基矢量 $\boldsymbol{g}^\alpha$ 与 $\boldsymbol{g}_\beta$ 之间的夹角为 φ，根据式 (1-7)，它们是按点积运算归一化的，即 $\boldsymbol{g}^\alpha\cdot\boldsymbol{g}_\alpha=1$，这里的上下指标在外文文献中用希腊字母 $(\alpha,\beta,\mu,\nu,\cdots)$ 时，表示它们的取值是 0，1，2，3；而拉丁字母 $(i,j,k,l,m,\cdots)$ 则表示其取值是 1，2，3。由此可得

$$|\boldsymbol{g}^\alpha|=\frac{1}{|\boldsymbol{g}_\alpha|\sin\varphi}$$

$$\text{或}\quad |\boldsymbol{g}_\alpha|=\frac{1}{|\boldsymbol{g}^\alpha|\sin\varphi}\tag{1-11}$$

其次，任一径矢量 $\boldsymbol{r}$ 在三个坐标轴上的分量是 r_i 或 r^i，既可以按协变基矢量 $\boldsymbol{g}_i$ 分解，也可以按逆变基矢量 $\boldsymbol{g}^i$ 分解

$$\begin{aligned}\boldsymbol{r}&=r^i\boldsymbol{g}_i=r_i\boldsymbol{g}^i\\&=r^1\boldsymbol{g}_1+r^2\boldsymbol{g}_2+r^3\boldsymbol{g}_3=r_1\boldsymbol{g}^1+r_2\boldsymbol{g}^2+r_3\boldsymbol{g}^3\end{aligned}\tag{1-12}$$

径矢量 $\boldsymbol{r}$ 实际上是空间变量 x,y,z $(x_1,x_2,x_3$ 或 $x^1,x^2,x^3)$ 的线性函数，微小改变或增量自然要通过它的全微分来确定，对式 (1-12) 按坐标 x^i 或 x_i 求微分，则有

$$\begin{aligned}\mathrm{d}\boldsymbol{r}&=\frac{\partial\boldsymbol{r}}{\partial x^i}\mathrm{d}x^i=\boldsymbol{g}_i\mathrm{d}x^i\\&=\frac{\partial\boldsymbol{r}}{\partial x_i}\mathrm{d}x_i=\boldsymbol{g}^i\mathrm{d}x_i\end{aligned}\tag{1-13}$$

由此给出了基矢量的定义 $\boldsymbol{g}_i = \dfrac{\partial \boldsymbol{r}}{\partial x^i}$ 或 $\boldsymbol{g}^i = \dfrac{\partial \boldsymbol{r}}{\partial x_i}$，它与笛卡儿坐标系的单位矢量之间的关系很容易从式 (1-12) 得出

$$\boldsymbol{g}_i = \frac{\mathrm{d}\boldsymbol{r}}{\mathrm{d}x^i} = \frac{\partial \boldsymbol{r}}{\partial x^i} = \frac{\partial x}{\partial x^1}\mathbf{i} + \frac{\partial y}{\partial x^2}\mathbf{j} + \frac{\partial z}{\partial x^3}\mathbf{k} \tag{1-14}$$

1.4　曲线坐标系

前面把本来简单的笛卡儿坐标系的单位基矢量 $\mathbf{i}$, $\mathbf{j}$, $\mathbf{k}$ 用对偶记法表示，其目的就是为更复杂的坐标系提供一个建立基矢量的参考方法。因为对于笛卡儿坐标系，从坐标原点沿各坐标轴线取其单位长度，就是单位基矢量 $\mathbf{i}$, $\mathbf{j}$, $\mathbf{k}$，并不复杂。可是对于斜角直线坐标系，特别是曲线坐标系，基矢量的选取却是一件比较复杂的事，有了上述思路、所得结果和相关公式，就有了参考可循。笛卡儿坐标系和斜角直线坐标系的基矢量不会随着空间坐标点的改变而变化，是整体坐标系。对于曲线坐标系，基矢量将会随着空间点的变化而改变，例如受力作用的质点的运动，流体中某一点的流速，都是位置的函数，矢量分解也是针对该点的基矢量的分解，点的位置变化了，基矢量也就随之变化，因此是局部坐标系。曲线坐标系中的特例是正交曲线坐标系(如球面坐标系和柱面坐标系)，可以看作是在连续变化的曲线上的每一点的局部坐标系，也就是所谓"流形"。当坐标 x^i 有单位增量时，弧长的增量 $\mathrm{d}s$ 可按下式计算

$$\mathrm{d}s^2 = (A_1\mathrm{d}x^1)^2 + (A_2\mathrm{d}x^2)^2 + (A_3\mathrm{d}x^3)^2 \tag{1-15}$$

式中 $A_1 = \sqrt{g_{11}}, A_2 = \sqrt{g_{22}}, A_3 = \sqrt{g_{33}}$，$A_1$,$A_2$ 和 A_3 称作拉梅

(Lame) 常数；在笛卡儿坐标系中：$A_1 = A_2 = A_3 = 1$。因此，拉梅常数也是空间属性的一种度量。

前面对斜角直线坐标系所做的分析完全适合于曲线坐标系。但是，要特别注意的是，曲线坐标系处理的是点运算，实际上就是一点处的基矢量组成的标架，逆变与协变基矢量都只具有局地 (点所在位置的邻域) 特性，它们不再是常矢量，在图 1.6 中，从参考坐标系的原点 O 到曲线坐标系的点 $p(x^1, x^2, x^3)$，有一径矢量 $\boldsymbol{r}$，它的增量 $\mathrm{d}\boldsymbol{r}$ 根据式 (1-12) 和式 (1-13) 可以表示为：$\mathrm{d}x^i\mathrm{d}x^j\boldsymbol{g}_i\cdot\boldsymbol{g}_j = |\mathrm{d}\boldsymbol{r}|^2 = \mathrm{d}s^2 = \mathrm{d}\boldsymbol{r}\cdot\mathrm{d}\boldsymbol{r} = g_{ij}\mathrm{d}x^i\mathrm{d}x^j$，显然是式 (1-15) 的另一种表示，其中度规张量 g_{ij} 能反映空间两点距离 $\mathrm{d}s$ 的物理属性，也就是平直空间或弯曲空间中距离的度量，在三维空间 $\mathbb{R}^3$ 中，只要针对不同的坐标系，计算

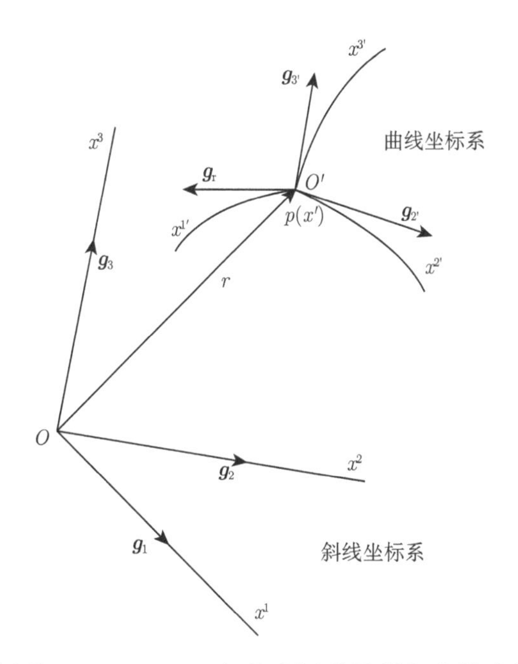

图 1.6　曲线坐标系 O'-$x_{1'}x_{2'}x_{3'}$，参考坐标系是斜角直线坐标系 O-$x^1x^2x^3$，也可以用笛卡儿直角坐标系

出 Jacobi 行列式，确定弧长就是一件容易的事，下面列出 $\mathbb{R}^3$ 中的三种坐标系的弧长公式，即平面极坐标：$\mathrm{d}s^2=\mathrm{d}r^2+r^2\mathrm{d}\varphi^2$；柱面坐标：$\mathrm{d}s^2=\mathrm{d}r^2+r^2\mathrm{d}\varphi^2+\mathrm{d}z^2$；球面坐标：$\mathrm{d}s^2=\mathrm{d}r^2+r^2\mathrm{d}\theta^2+r^2\sin^2\theta\mathrm{d}\varphi^2$。

g_{ij} 在 (电磁) 场论和引力理论中，是四维时空弯曲特性的度量，也就是引力场。因此，便称 g_{ij} 为度规或度量张量，由于是弧长的度量，显然具有对称性，即 $g_{ij}=g_{ji}\ (i,j=1,2,3,4)$，因此，只有 10 个独立分量，如下面的矩阵所示：对角线的 4 个 g_{ii} 是独立的分量，右上角 6 个分量与左下角 6 个分量是各自相等的，因此，共计有 10 个独立的度规分量。

$$g_{ij}=\begin{bmatrix} g_{11} & g_{12} & g_{13} & g_{14} \\ g_{21} & g_{22} & g_{23} & g_{24} \\ g_{31} & g_{32} & g_{33} & g_{34} \\ g_{41} & g_{42} & g_{43} & g_{44} \end{bmatrix} \tag{1-16}$$

既然曲线坐标系中的基矢量不再是常矢量，那么它随坐标是如何变化的呢？由于基矢量是坐标的连续可微函数，每一个基矢量 $\boldsymbol{g}_j$ 对坐标 x^i 求导，可得 9 个表示式

$$\left.\begin{aligned} &\frac{\partial \boldsymbol{g}_j}{\partial x^i}=\partial_i\boldsymbol{g}_j=\Gamma_{ij}^k\boldsymbol{g}_k=\Gamma_{ijk}\boldsymbol{g}^k \\ &\frac{\partial \boldsymbol{g}^j}{\partial x^i}=\partial_i\boldsymbol{g}^j=-\Gamma_{ik}^j\boldsymbol{g}^k=-\Gamma_{ijk}\boldsymbol{g}_k \\ &\Gamma_{ijk}=g_{kl}\Gamma_{ij}^l \\ &\Gamma_{ij}^k=g^{kl}\Gamma_{ijl} \end{aligned}\right\} \tag{1-17}$$

式中 i,j,k,l 的取值，按照惯例，各为 1，2，3。$\partial_i\boldsymbol{g}_j\equiv\dfrac{\partial\boldsymbol{g}_j}{\partial x^i}$，是偏微分的简化符号，类似地，还有 $\dfrac{\partial}{\partial x^i}\equiv\partial_{,i}$；$\dfrac{\partial\,()}{\partial x^i}\equiv()_{,i}$ 等。利用度规张量

g^{ik} 可以对协变微分与逆变微分符号进行转换：$\dfrac{\partial}{\partial x_i} \leftrightarrow g^{ik}\dfrac{\partial}{\partial x^k}$ (需要特别指出的是，在现在的文献中，对协变矢量、协变张量以及逆变矢量和逆变张量的微分、协变微分和逆变微分的运算，一般都是在逆变坐标系中进行的，也就是说，$\dfrac{\partial}{\partial x^k}$ 比 $\dfrac{\partial}{\partial x_i}$ 更常用，需要特别注意。当然，在哪个坐标系进行运算，并不是根本的，重要的是需要进行对比，因此，对 A^α, $A^{\alpha\beta}$, A_α 和 $A_{\alpha\beta}$ 的运算一般均在一种坐标系中进行，例如逆变坐标系，更多的考虑是，这样的表示比交互使用协变与逆变坐标系更方便)。Γ_{ijk} 是第一类克氏 (Christoffel) 符号，Γ_{ij}^k 是第二类克氏符号 (通常，第一指标 i 和第二指标 j 对 Γ 是对称的，实际上只有 18 个独立分量。但也有文献将对称指标 ij 与 k 用逗号隔开，如 $\Gamma_{ij,k}$，还有将后两个指标作为对称指标的，如 $\Gamma_{\gamma,\alpha\beta}$，甚至不用逗号隔开，要注意这种表示不能与逗号表示的微分符号相混淆，我们不采用这种表示方式)。它们的实际意义是将矢量的微分运算从直角坐标系推广到曲线坐标系，因为一个矢量除了沿着基矢量分解，还需要计入基矢量本身随着坐标的改变而变化的情况，也就是基矢量的增量 (也是矢量) 沿着坐标基的分解，而这一点正是由克氏符号体现出来，它就是坐标改变引起基矢量变化的量值大小，是全微分中的附加项。它们与基矢量 (也就是度规张量的分量) 有如下关系

$$\Gamma_{jk}^i = \frac{1}{2}g^{il}\left(\frac{\partial g_{jl}}{\partial x^k} + \frac{\partial g_{kl}}{\partial x^j} - \frac{\partial g_{jk}}{\partial x^l}\right) \tag{1-18}$$

$$\Gamma_{ijk} = \frac{1}{2}\left(\frac{\partial g_{jk}}{\partial x^i} + \frac{\partial g_{ki}}{\partial x^j} - \frac{\partial g_{ji}}{\partial x^k}\right) \tag{1-19}$$

许多文献常采用简易表示 $\dfrac{\partial\,()}{\partial x^i} \equiv ()_{,i}$，这样，上面两式就可以改

写成如下形式

$$\Gamma^i_{jk} = \frac{1}{2} g^{il} (g_{jl,i} + g_{kl,j} - g_{jk,l}) \tag{1-18$'$}$$

$$\Gamma_{ijk} = \frac{1}{2} (g_{jk,i} + g_{ki,j} - g_{ji,k}) \tag{1-19$'$}$$

如果在 Γ_{ijk} 中，将 j 和 k 作为对称指标，即：$\Gamma_{i,jk}$，那么，式 (1-19) 和式 (1-19′) 右边各项的顺序应该作对应的改变，以式 (1-19′) 为例

$$\Gamma_{i,jk} = \frac{1}{2} (g_{ij,k} + g_{ik,j} - g_{jk,i})$$

下面，再以式 (1-18) 为例，说明这个关系式的推导过程，其实，只要记住克氏符号 Γ^l_{jk} 与度规张量 g_{jl} 这二者有关，对于实际应用已经足够了。

根据前面的论述，由式 (1-7) 和式 (1-9) 可得 $\boldsymbol{g}_i \cdot \boldsymbol{g}_j = g_{ij} \boldsymbol{g}^j \cdot \boldsymbol{g}_j = g_{ij}$，由此有 $\boldsymbol{g}_j \cdot \boldsymbol{g}_l = g_{jl}$，$\boldsymbol{g}_k \cdot \boldsymbol{g}_l = g_{kl}$ 和 $\boldsymbol{g}_j \cdot \boldsymbol{g}_k = g_{jk}$. 现在，分别使 g_{jl} 对坐标 x^k, g_{kl} 对坐标 x^j，g_{jk} 对坐标 x^l 求导，可得如下 3 个表示式

$$\frac{\partial g_{jl}}{\partial x^k} = \frac{\partial \boldsymbol{g}_j}{\partial x^k} \boldsymbol{g}_l + \frac{\partial \boldsymbol{g}_l}{\partial x^k} \boldsymbol{g}_j \tag{1-20}$$

$$\frac{\partial g_{kl}}{\partial x^j} = \frac{\partial \boldsymbol{g}_k}{\partial x^j} \boldsymbol{g}_l + \frac{\partial \boldsymbol{g}_l}{\partial x^j} \boldsymbol{g}_k \tag{1-21}$$

$$\frac{\partial g_{jk}}{\partial x^l} = \frac{\partial \boldsymbol{g}_j}{\partial x^l} \boldsymbol{g}_k + \frac{\partial \boldsymbol{g}_k}{\partial x^l} \boldsymbol{g}_j \tag{1-22}$$

然后，根据公式 (1-17)，只对式 (1-20) 中的 $\dfrac{\partial \boldsymbol{g}_j}{\partial x^k} \boldsymbol{g}_l$ 和式 (1-21) 中的 $\dfrac{\partial \boldsymbol{g}_k}{\partial x^j} \boldsymbol{g}_l$ 分别用 $\Gamma^l_{jk} g_l$ 和 $\Gamma^l_{kj} g_l$ 表示，将这两个公式改写成如下形式

$$\frac{\partial g_{jl}}{\partial x^k} - \frac{\partial \boldsymbol{g}_l}{\partial x^k} \boldsymbol{g}_j = \frac{\partial \boldsymbol{g}_j}{\partial x^k} \boldsymbol{g}_l = \Gamma^l_{jk} g_j \cdot \boldsymbol{g}_l = \Gamma^l_{jk} g_{jl} \tag{1-23}$$

$$\frac{\partial g_{kl}}{\partial x^j}-\frac{\partial \boldsymbol{g}_l}{\partial x^j}\boldsymbol{g}_k=\frac{\partial \boldsymbol{g}_k}{\partial x^j}\boldsymbol{g}_l=\Gamma^l_{kj}g_j\cdot\boldsymbol{g}_l=\Gamma^l_{kj}g_{jl} \tag{1-24}$$

注意，Γ^l_{kj} 和 Γ^l_{jk} 是对称的，式 (1-21) 和式 (1-22) 相加，注意到 $\dfrac{\partial \boldsymbol{g}_l}{\partial x^k}=\dfrac{\partial \boldsymbol{g}_k}{\partial x^l}$，再与式 (1-24) 相减，就得到如下表示式

$$\frac{\partial g_{jl}}{\partial x^k}+\frac{\partial g_{kl}}{\partial x^j}-\frac{\partial g_{jk}}{\partial x^l}=2\Gamma^l_{kj}g_{jl} \tag{1-25}$$

用 g^{jl} 乘上式的两边

$$g^{jl}\left(\frac{\partial g_{jl}}{\partial x^k}+\frac{\partial g_{kl}}{\partial x^j}-\frac{\partial g_{jk}}{\partial x^l}\right)=2\Gamma^l_{kj}g_{jl}\cdot g^{jl}=2\Gamma^l_{kj} \tag{1-26}$$

由此便得到

$$\Gamma^l_{kj}=\frac{1}{2}g^{jl}\left(\frac{\partial g_{jl}}{\partial x^k}+\frac{\partial g_{kl}}{\partial x^j}-\frac{\partial g_{jk}}{\partial x^l}\right) \tag{1-27}$$

这就是式 (1-18)，式 (1-19) 的证明与此相同，就不重复了。

显然，对于笛卡儿直角坐标系，单位基矢量不随坐标的改变而变化，克氏符号为零。因此，可以将克氏符号理解为基矢量的增量与坐标增量之间的比例系数 (也称作联络系数)，也可以理解为曲线坐标系中同一个矢量平移时，方向的改变引起的附加增量 (可以设想，这些平移矢量 (切线) 在局地形成的所谓 “切丛” 之间的联络系数，反映在不同点处矢量方向的改变，又称为纤维丛，在规范场中具有重要意义，其中 “丛” 和 “联络” 的原义来之于灌木丛及其枝杈交叉的类比)。要注意，由拉梅常数也可以表示克氏符号，但克氏符号不是张量的分量，只在曲线坐标系才有意义。可以举一个简单的例子，矢量是一阶张量，如 $\boldsymbol{V}=v^i\boldsymbol{g}_i=v_i\boldsymbol{g}^i$，对于逆变分量 $v^i\boldsymbol{g}_i$，按照复合函数求导，可得如下结果：

$$
\begin{aligned}
\frac{\partial \boldsymbol{V}}{\partial x^j} &= \frac{\partial v^i}{\partial x^j}\boldsymbol{g}_i + v^i\frac{\partial \boldsymbol{g}_i}{\partial x^j} = \frac{\partial v^i}{\partial x^j}\boldsymbol{g}_i + v^k\Gamma^i_{kj}\boldsymbol{g}_i \\
&= \left(\frac{\partial v^i}{\partial x^j} + v^k\Gamma^i_{kj}\right)\boldsymbol{g}_i
\end{aligned}
\tag{1-28}
$$

式中增加的这一项 $v^k\Gamma^i_{kj}$ 就是由于基矢量 $\boldsymbol{g}_i$ 随坐标 x^j 变化而产生的附加项。要注意，如果是协变分量 $v_i\boldsymbol{g}^i$，附加项是 $(-v_k\Gamma^k_{ij})$，协变分量的导数是

$$
\frac{\partial \boldsymbol{V}}{\partial x^j} = \left(\frac{\partial v_i}{\partial x^j} - v_k\Gamma^k_{ij}\right)\boldsymbol{g}^i \tag{1-29}
$$

这里对求导运算产生的附加项的解释，已经可以理解克氏符号的基本意义，但是，克氏符号是张量应用中很重要的一个环节，也是构成新的张量和区分笛卡儿坐标系和曲线坐标系的一个关键因素 (20 世纪初期，勒维–齐维塔, 外尔 (H. Weyl), 希尔伯特 (D. Hilbert) 等著名数学家研究过这个课题和它在相对论中的应用)，因此，有必要作进一步的说明，它包括两个方面，其一是不同坐标系中矢量导数运算的类比，也就是矢量的平行移动问题；其二是与度规张量的关系。

这个问题与矢量的运算有关，例如图 1.7，在笛卡儿坐标系中，对处于不同位置的矢量 $\boldsymbol{A}$ 和 $\boldsymbol{B}$ 求差值，需要将矢量 $\boldsymbol{B}$ 平移到矢量 $\boldsymbol{A}(x)$ 处，使它们有共同的起点 $\boldsymbol{O}$，矢量 $\boldsymbol{B}(x)$ 平移前后不变，与平移路径无关，然后按照平行四边形法则即可得出矢量的差值 $\boldsymbol{C}(x)$，这里一个重要条件是矢量 $\boldsymbol{B}(x)$ 平移前后，它的方向和幅值不变，才能实现矢量的差值运算 (既和矢量 $\boldsymbol{A}$ 和 $\boldsymbol{B}$ 有关，也和它们之间的夹角 θ 有关)，这是欧几里得几何学的基础知识。

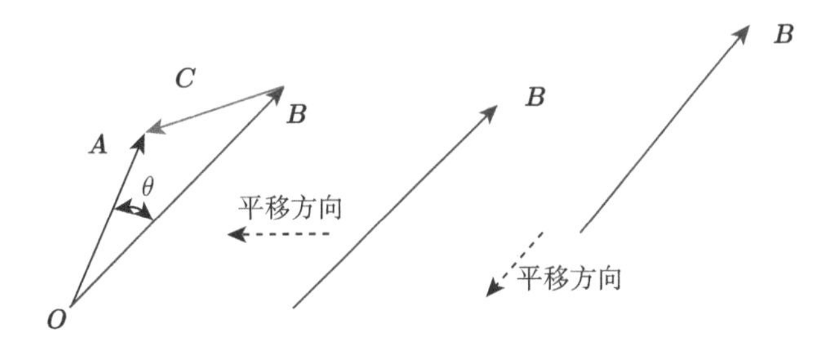

图 1.7 笛卡儿坐标系中矢量的平行移动

求导运算是一个函数的自变量增加与函数本身增加值的比值的极限过程，例如简单的一元函数的导数，如下式所示

$$\frac{\mathrm{d}f(x)}{\mathrm{d}x}=\lim_{\Delta x\to 0}\frac{f(x+\Delta x)-f(x)}{\Delta x} \tag{1-30}$$

当函数改为矢量时，函数的差值 $(f(x+\Delta x)-f(x))$ 则由矢量的差值代替，即 $(\boldsymbol{A}(x+\Delta x)-\boldsymbol{A}(x))$，这时，矢量求差值，同样需要将 $\boldsymbol{A}(x+\Delta x)$ 平移到矢量 $\boldsymbol{A}(x)$ 处，使它们有共同的起点 O，如果不是笛卡儿坐标系，那么，矢量平移的情况就有了变化，在曲线坐标系中，矢量处于不同位置时，它的方向随之改变，在导数运算中，要把处于 Δx 位置的矢量平移到 $\Delta x=0$ 处，则它与原来的矢量并不重合，因为在平移过程中，不同的位点有不同的方向，所谓平移，是指矢量在每一个点的切线方向保持不变 (即在该点的夹角不变)，这一要求在曲线坐标系则无法实现，图 1.8 是矢量平行移动的示意图，矢量 $\boldsymbol{A}$ 沿 $1\to 2\to 3\to 1$ 回路平行移动，在返回 1 点时，由于移动中方向的改变而成为矢量 $\boldsymbol{B}$，二者在 1 点并不重合，在矢量幅值不变的情况下，要使矢量 $\boldsymbol{A}$ 与 $\boldsymbol{B}$ 重合，必须将矢量 $\boldsymbol{B}$ 顺时针转过 $\pi/2$ 的弧度 (不同的回路其转角也不相同)，这个弧度 (或转角) 就是克氏符号的几何

意义。那么，为什么要沿着闭曲线移动呢？这就与张量的性质有关，在曲面的任一点作一切面，切面上通过该点有无数条切线，二阶张量有 9 个分量，它们的切线就是在该点的切面上不同方向的切线，在这个点的邻域检验平行移动显然等价于图 1.8 中沿 $1 \to 2 \to 3 \to 1$ 回路平行移动的情形。可见，对于曲线坐标系 (更确切地说，是弯曲空间) 要保持平行移动中这些切线分量不变，自然无法实现。在平行移动中，出现的克氏符号与矢量的关系已如式 (1-20) 所示，其实，矢量的差值自然与矢量本身有关，也与坐标 Δx 有关，一般假定是线性关系：$\delta \boldsymbol{A} \propto \boldsymbol{A}\mathrm{d}x$，写成等式时需要一个比例系数，而克氏符号 Γ_{il}^{k} 正是这个比例系数，即 $\mathrm{d}A_i = \Gamma_{il}^{k} A_k \mathrm{d}x^l$，已如前述 (见式 (1-17) 和式 (1-18))，同样有 $\mathrm{d}A^i = -\Gamma_{kl}^{i} A^k \mathrm{d}x^l$。

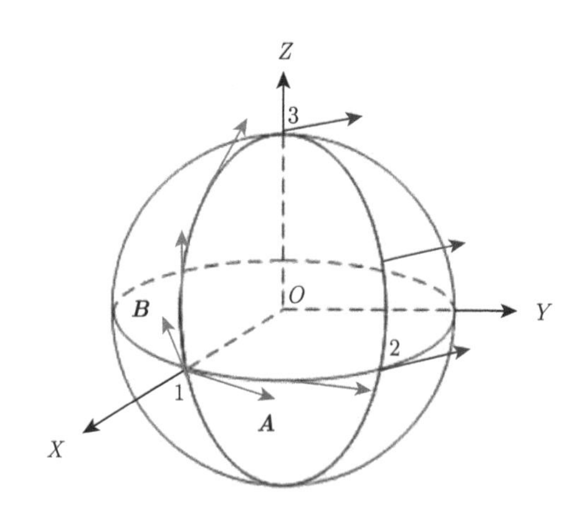

图 1.8　矢量平行移动的示意图

矢量 $\boldsymbol{A}$ 沿 $1 \to 2 \to 3 \to 1$ 回路平行移动，由于方向的变化，返回 1 点时成为矢量 $\boldsymbol{B}$，二者并不重合，移动的目的是让两个矢量有共同的起点，以便按照平行四边形法则求出它们的差值，导数运算需要矢量的差值运算

对于张量 $\boldsymbol{T}$ 而言，也有同样的求导公式，在后面的章节中将会

论述。现在，有两个与矢量平移有关的重要问题需要说明，一是克氏符号与坐标的关系；二是克氏符号与曲率张量的的关系。

第一个问题就是矢量在速度场是否平行移动，可以通过方向导数确定。速度场 (也就是切线场) 的方向导数定义为 $\nabla_\xi T = \xi^k \nabla_k T$，$\xi^k = \dfrac{\mathrm{d}x^k}{\mathrm{d}s}$，在平行移动时，矢量不变，因此，方向导数 $\nabla_\xi T = \xi^k \nabla_k T = 0$

$$\begin{aligned}\frac{\mathrm{d}x^k}{\mathrm{d}s}\left(\frac{\partial T^i}{\partial x^k} + \Gamma^i_{jk}T^j\right) &= \frac{\mathrm{d}x^k}{\mathrm{d}s}\frac{\partial T^i}{\partial x^k} + \Gamma^i_{jk}T^j\frac{\mathrm{d}x^k}{\mathrm{d}s} \\ &= \frac{\mathrm{d}T^i}{\mathrm{d}s} + \Gamma^i_{jk}T^j\frac{\mathrm{d}x^k}{\mathrm{d}s} = 0 \end{aligned} \tag{1-31}$$

由于 $T^i = \dfrac{\mathrm{d}x^i}{\mathrm{d}s}$，代入式 (1-31)，即得如下测地线方程

$$\frac{\mathrm{d}^2x^i}{\mathrm{d}s^2} + \Gamma^i_{jk}\frac{\mathrm{d}x^j}{\mathrm{d}s}\frac{\mathrm{d}x^k}{\mathrm{d}s} = 0 \tag{1-32}$$

测地线就是在曲线坐标系中两点间的局域短程线，相当于笛卡儿坐标系中两点间的直线。其实，测地线就是自由粒子运动的时程曲线，这里用 $\mathrm{d}s$ 表示运动时钟的时间, 称作原时, 以区别静止的时间 $\mathrm{d}t$, 即坐标时。现在说明如下，根据公式 (1-20)，一个矢量的逆变导数可以表示为

$$V^i_{;j} = \frac{\partial \boldsymbol{V}}{\partial x^j} = \left(\frac{\partial v^i}{\partial x^j} + v^k\Gamma^i_{kj}\right)\boldsymbol{g}_i \tag{1-33}$$

将基矢量 $\boldsymbol{g}_i$ 用 (线元) 矢量 $\mathrm{d}x^l$ 代替，再将上式改写成导数形式，考虑到自由粒子不受力的作用，加速度为零，因此，可得如下方程

$$\frac{\partial v^i}{\partial x^j}\mathrm{d}x^l + v^k\Gamma^i_{kj}\mathrm{d}x^l = 0 \tag{1-34}$$

注意到$\mathrm{d}v^i = \dfrac{\partial v^i}{\partial x^l}\mathrm{d}x^l$，式 (1-34) 可以改写成 $\mathrm{d}v^i + v^k\Gamma^i_{kj}\mathrm{d}x^l = 0$，方程两边除以 $\mathrm{d}s$，由于 $v^i = \dfrac{\mathrm{d}x^i}{\mathrm{d}s}$，这样就又可得出测地线方程 (1-35)

$$\frac{\mathrm{d}^2x^i}{\mathrm{d}s^2} + \Gamma^i_{jk}\frac{\mathrm{d}x^j}{\mathrm{d}s}\frac{\mathrm{d}x^k}{\mathrm{d}s} = 0 \tag{1-35}$$

值得一提的是爱因斯坦与其合作者在 1938 年也是采用变分方法从引力场方程推导出测地线方程的，比这里的方法要复杂很多。在介绍引力场方程时，也会给出变分方法的详细推导过程。

第二个问题是利用斯托克斯 (Stokes) 定理求出矢量沿任一无限小闭合曲线平行移动时的变化，从而得出曲率张量的表达式。该定理将闭合的线积分与它所包围的面积的面积分联系起来，针对矢量沿闭合曲线的平行移动，有如下公式

$$\oint A_k\mathrm{d}x^k = \frac{1}{2}\int \mathrm{d}a^{ik}\left(\frac{\partial A_i}{\partial x^k} - \frac{\partial A_k}{\partial x^i}\right) \tag{1-36}$$

式中 A_k 是矢量 $\boldsymbol{A}$ 的分量，注意到闭合曲线包围的面积无限小，因此，式 (1-36) 简化为

$$\Delta A_k = \frac{1}{2}\left(\frac{\partial A_k}{\partial x^i} - \frac{\partial A_i}{\partial x^k}\right)\Delta a^{lm} \tag{1-37}$$

此处 Δa^{lm} 就是闭合曲线的面积，而 $\delta A_i = \Gamma^k_{il}A_k\mathrm{d}x^l$，或 $\dfrac{\partial A_i}{\partial x^l} = \Gamma^k_{il}A_k$，代入式 (1-37)，则有

$$\begin{aligned}\Delta A_k =& \frac{1}{2}\left(\frac{\partial A_k}{\partial x^i} - \frac{\partial A_i}{\partial x^k}\right)\Delta a^{lm}\\ =& \frac{1}{2}\left(\frac{\partial \Gamma^i_{km}A_i}{\partial x^l} - \frac{\partial \Gamma^i_{kl}A_i}{\partial x^m}\right)\Delta a^{lm}\end{aligned}$$

$$=\frac{1}{2}\left(\frac{\partial\Gamma^i_{km}}{\partial x^l}A_i-\frac{\partial\Gamma^i_{kl}}{\partial x^m}A_i+\Gamma^i_{km}\frac{\partial A_i}{\partial x^l}A_i-\Gamma^i_{kl}\frac{\partial A_i}{\partial x^m}\right)\Delta a^{lm}$$

$$=\frac{1}{2}\left(\frac{\partial\Gamma^i_{km}}{\partial x^l}-\frac{\partial\Gamma^i_{kl}}{\partial x^m}+\Gamma^i_{nl}\Gamma^n_{km}-\Gamma^i_{nm}\Gamma^n_{kl}\right)A_i\Delta a^{lm} \tag{1-38}$$

括号中由克氏符号的偏导数及其乘积组成的各项就是重要的曲率张量或黎曼–克里斯托费尔 (Riemann-Christoffel) 曲率张量，用 R^i_{klm} 表示，是一个四阶张量，如下式所示

$$R^i_{klm}=\frac{\partial\Gamma^i_{km}}{\partial x^l}-\frac{\partial\Gamma^i_{kl}}{\partial x^m}+\Gamma^i_{nl}\Gamma^n_{km}-\Gamma^i_{nm}\Gamma^n_{kl} \tag{1-39}$$

由此式很容易得出张量有如下反对称性质

$$R^i_{klm}=-R^i_{kml} \tag{1-40}$$

变更式 (1-39) 中 R^i_{klm} 的下角标顺序，再相减，又可得如下关系式

$$R^i_{klm}+R^i_{lmk}+R^i_{mkl}=0 \tag{1-41}$$

这些关系式有什么用呢？主要是可以得出四阶张量 R^i_{klm} 在时空坐标系中的独立分量不是 256 个，而是 20 个，求解的复杂性大大降低。

将 R^i_{klm} 的上指标 i 降标，可得曲率张量的另一种表示，即：$R_{ij\mu\nu}$，它可以完全用度规张量表示

$$R_{ij\mu\nu}=\frac{1}{2}\left(\frac{\partial^2 g_{\nu i}}{\partial x^j\partial x^\mu}+\frac{\partial^2 g_{\mu j}}{\partial x^i\partial x^\nu}-\frac{\partial^2 g_{\mu i}}{\partial x^j\partial x^\nu}-\frac{\partial^2 g_{\mu j}}{\partial x^i\partial x^\mu}\right) \tag{1-42}$$

将式 (1-42) 中的指标 m 和 l 互换，很易得出 $R^i_{klm}=-R^i_{kml}$；如果指标按照 ikl，imk 和 ilm 排列，然后相加，则可得如下关系

$$R^n_{ikl}+R^n_{imk}+R^n_{ilm}=0 \tag{1-43}$$

对曲率张量 R^i_{klm} 进行微分运算 (注意，这里用了偏微分的简化符号“;”，例如 $R^n_{ikl;m}$，就是偏微分运算 $R^n_{ikl;m}=\dfrac{\partial R^n_{ikl}}{\partial m}$ 的简化表示，当然，此二阶微分也可以简化为如后表示式：$\dfrac{\partial^2 g_{\nu i}}{\partial x^j \partial x^\mu}=g_{\nu i,j,\mu}=g_{\nu i,j\mu}$。如果是二阶协变导数，其简化表示就是：$\dfrac{\partial^2 A_{\nu i}}{\partial x^j \partial x^\mu}=A_{\nu i;j;\mu}=A_{\nu i;j\mu}$。这种偏微分符号也可以处于上角标中，表示逆变微分，以下同此，不再赘述。)，就得到另一个重要的张量关系式，称作毕安基 (Bianchi) 曲率张量恒等式

$$R^n_{ikl;m}+R^n_{imk;l}+R^n_{ilm;k}=0 \tag{1-44}$$

这个等式是如此的重要，如果当年爱因斯坦和合作者格罗斯曼知道这个关系式，也就不会在建立引力场方程时，很长时期处于困境之中了。

到此，我们对坐标系、基矢量和张量的基本表示方式，相关的基本概念的介绍就告一段落，下面将介绍几种重要运算规则，它们对深刻理解张量的本质也是很有帮助的。

第二讲　运算篇: 运算规则

在张量分析中，主要的运算有指标的升降、缩并、微分 (包括协变和逆变微分)、从一个坐标系到另一个坐标系的转换，以及重要的张量算符在运算中的作用，除此之外，还需要介绍张量的基本定义和相应的物理意义。既然张量是一种数学工具，在下面介绍的内容中，就尽量不涉及 N-维空间的数学表达式，而以三维空间的问题为主。

2.1　指标升降

前面已经指出，协变基矢量 $\boldsymbol{g}_i$ 可以沿着逆变基矢量分解：$\boldsymbol{g}_i = g_{ij}\boldsymbol{g}^j$，逆变基矢量 $\boldsymbol{g}^i$ 也可沿着协变 $\boldsymbol{g}_j$ 基矢量分解：$\boldsymbol{g}^i = g^{ij}\boldsymbol{g}_j$，通过这种分解 (见式 (1-9) 和式 (1-10))，基矢量的指标将会由协变改为逆变，逆变改为协变，也就是下角标与上角标互易，这就是指标的升降。矢量分解同样也会使指标升降，矢量 $\boldsymbol{p}$ 可以分解为 $\boldsymbol{p} = p^i\boldsymbol{g}_i = p_j\boldsymbol{g}^j$，再利用关系式 $\boldsymbol{g}_i \cdot \boldsymbol{g}_j = g_{ij}\boldsymbol{g}^i \cdot \boldsymbol{g}_j = g_{ij}$ 和 $\boldsymbol{g}^i \cdot \boldsymbol{g}^j = g^{ij}\boldsymbol{g}^i \cdot \boldsymbol{g}_j = g^{ij}$，很容易得出如下公式

$$
\begin{aligned}
p^i &= \boldsymbol{p} \cdot \boldsymbol{g}^i = p_k\boldsymbol{g}^k \cdot \boldsymbol{g}^i = p_k g^{ki} \\
p_j &= \boldsymbol{p} \cdot \boldsymbol{g}_j = p^k\boldsymbol{g}_k \cdot \boldsymbol{g}_j = p^k g_{kj}
\end{aligned}
\tag{2-1}
$$

由此很容易得出一个有用的表达式：$p^ip_i = p_ip^i = p^ip^kg_{ik} = p_ip_kg^{ik}$，

显然就是矢量长度的平方。可见，指标的升降在斜角直线坐标系和曲线坐标系的张量运算中能简化公式的表达，笛卡儿直角坐标系没有指标升降的问题。

2.2　坐标变换与基矢量变换

坐标变换是一个经常遇到问题，人们比较熟悉的医学检查设备CT，就是将等强度 X- 射线发射和接受装置固定在同一个环形构架上，实现同步旋转，如果将起始位置的圆柱坐标系作为参考坐标系 (称作 “旧” 坐标系，记为 x^i)，检查中它将随着环形构架转动，形成不同时刻的动态坐标系 (称作 “新” 坐标系，记为 $x^{i'}$)，等强度 X-射线可以看作是同一矢量，旋转时，它在新旧坐标系中的投影 $x^{i'}$ 与 x^i 各不相同，坐标变换就是要确定 $x^{i'}$ 和 x^i 的关系，即 $x^{i'}=x^{i'}(x^1,x^2,x^3)=x^{i'}(x^i)$ 和 $x^i=x^i(x^{1'},x^{2'},x^{3'})=x^i(x^{i'})$。如果 $x^{i'}$ 能由 x^i 表示和 x^i 也能由 $x^{i'}$ 表示，那它们各自必须是单值、连续、可微函数，而且变换的雅可比 (Jacobi) 行列式不为零

$$J=\left|\frac{\partial x^{i'}}{\partial x^i}\right|\neq 0,\quad J'=\left|\frac{\partial x^i}{\partial x^{i'}}\right|\neq 0,\quad J\cdot J'=1 \tag{2-2}$$

这时 $x^{i'}$ 和 x^i 的坐标变换就是

$$x^{i'}=\frac{\partial(x^{1'},x^{2'},x^{3'})}{\partial(x^1,x^2,x^3)}x^i=Jx^i \tag{2-3}$$

$$J=\frac{\partial(x^{1'},x^{2'},x^{3'})}{\partial(x^1,x^2,x^3)} \tag{2-4}$$

式 (1-12) 已经给出了一个矢量 $\boldsymbol{r}$ 在坐标轴 x^i 上的分解：$\boldsymbol{r}=r^i\boldsymbol{g}_i$；或者在坐标轴 x_i 上的分解：$\boldsymbol{r}=r_i\boldsymbol{g}^i$，这表明，在对偶表示中，矢量的协变 (或逆变) 分量和逆变 (或协变) 基矢量的坐标变换矩阵是互逆的，满足式 (1-7) 和式 (1-8)，保证了矢量的不变性。从雅可比行列式 J 中的坐标变换 $\dfrac{\partial x^{i'}}{\partial x^i}$ 和 J^{-1} 中的坐标变换 $\dfrac{\partial x^i}{\partial x^{i'}}$，也可以看出二者是互逆的，因而才有 $J\cdot J^{-1}=1$，也就是 $\dfrac{\partial x^{i'}}{\partial x^i}\cdot\dfrac{\partial x^i}{\partial x^{i'}}=1$，显然，这种互逆的代数表示与对偶坐标的几何表示，包含了张量的同样的几何意义和物理解释，是等价的，即：$a^i_{i'}=\dfrac{\partial x^i}{\partial x^{i'}}$，$a^{i'}_i=\dfrac{\partial x^{i'}}{\partial x^i}$，显然，$a^i_{i'}a^{i'}_i=\dfrac{\partial x^i}{\partial x^{i'}}\dfrac{\partial x^{i'}}{\partial x^i}=1$。

张量的指标表示对于理解张量的运算至关重要，需要从不同的角度 (代数的、几何的和物理的角度) 加深理解，下面对这个对偶表示还会作进一步的解释。

那么，矢量 $\boldsymbol{r}$ 在不同的坐标系中的分解又是如何呢？这就需要先讨论基矢量 $\boldsymbol{g}_{i'}$ 和 $\boldsymbol{g}^{i'}$ 在不同的坐标系中的分解，一般假设分解的关系式是线性的，如此有

$$\boldsymbol{g}_{i'}=A^i_{i'}\boldsymbol{g}_i,\quad \boldsymbol{g}^{i'}=A^{i'}_i\boldsymbol{g}^i \tag{2-5}$$

我们已经知道 $\boldsymbol{g}_{i'}=\dfrac{\partial\boldsymbol{r}}{\partial x^{i'}}=\dfrac{\partial}{\partial x^{i'}}\left(x^i\boldsymbol{g}_i\right)=\dfrac{\partial x^i}{\partial x^{i'}}\boldsymbol{g}_i$，$\boldsymbol{g}_i=\dfrac{\partial\boldsymbol{r}}{\partial x^i}=\dfrac{\partial}{\partial x^i}\left(x^{i'}\boldsymbol{g}_{i'}\right)=\dfrac{\partial x^{i'}}{\partial x^i}\boldsymbol{g}_{i'}$，以及 $r_{i'}=A^{i'}_ir_i$，$r^{i'}=A^i_{i'}r^i$，$r_i=A^i_{i'}r_{i'}$，$r^i=A^{i'}_ir^{i'}$；$\boldsymbol{r}=r_i\boldsymbol{g}^i=r^i\boldsymbol{g}_i=r_{i'}\boldsymbol{g}^{i'}=r^{i'}\boldsymbol{g}_{i'}$，显然，坐标之间的转换系数可以表示为：$A^i_{i'}=\dfrac{\partial x^i}{\partial x^{i'}}$ 和 $A^{i'}_i=\dfrac{\partial x^{i'}}{\partial x^i}$，由此可得矢量 $\boldsymbol{r}$ 在新旧坐标系

中的表示式

$$\left.\begin{aligned}\boldsymbol{r}=r_{i'}A_i^{i'}\boldsymbol{g}^i=r_{i'}\frac{\partial x^{i'}}{\partial x^i}\boldsymbol{g}^i=r^{i'}A_{i'}^i\boldsymbol{g}_i=r^{i'}\frac{\partial x^i}{\partial x^{i'}}\boldsymbol{g}_i\\ \boldsymbol{r}=r_iA_{i'}^i\boldsymbol{g}^{i'}=r_i\frac{\partial x^i}{\partial x^{i'}}\boldsymbol{g}^{i'}=r^iA_i^{i'}\boldsymbol{g}_{i'}=r^i\frac{\partial x^{i'}}{\partial x^i}\boldsymbol{g}_{i'}\end{aligned}\right\}\tag{2-6}$$

在笛卡儿坐标系，用基矢量 **i**，**j**，**k** 代替 $\boldsymbol{g}_{i'}$，$\boldsymbol{g}^{i'}$，$\boldsymbol{g}_i$ 或 $\boldsymbol{g}^i$，就是我们熟悉的矢量分解方式。

前面已经指出，矢量 $\boldsymbol{r}$ 在新旧坐标系中的转换只需一个转换系数 $A_i^{i'}$，如式 (2-5) 所示，它将新坐标系中的矢量 $r_{i'}$ 与旧坐标系中的矢量 r_i 联系起来，如：$r_{i'}=A_i^{i'}r_i$ (其他变换形式还有：$r^{i'}=A_{i'}^ir^i$，$r_i=A_{i'}^ir_{i'}$，$r^i=A_i^{i'}r^{i'}$)。而二阶张量在新旧坐标系中的转换需要两个转换系数 $A_i^{i'}$ 和 $A_j^{j'}$，这样就可以将张量表示为：$\boldsymbol{T}=T^{ij}\boldsymbol{g}_i\boldsymbol{g}_j=T^{ij}A_i^{i'}A_j^{j'}\boldsymbol{g}_{i'}\boldsymbol{g}_{j'}$，但是，$T^{ij}\boldsymbol{g}_i\boldsymbol{g}_j=T_j^{i'}\boldsymbol{g}_{i'}\boldsymbol{g}_{j'}$，由此可得 $T^{i'j'}\boldsymbol{g}_{i'}\boldsymbol{g}_{j'}=T^{i'j'}A_i^{i'}A_j^{j'}\boldsymbol{g}_{i'}\boldsymbol{g}_{j'}$，由于 $\boldsymbol{g}_i\boldsymbol{g}_j$ 和 $\boldsymbol{g}_{i'}\boldsymbol{g}_{j'}$ 线性无关，只考虑张量的分量，就有 $T^{ij}=T^{i'j'}A_i^{i'}A_j^{j'}$，这就是张量 $\boldsymbol{T}$ 在新旧坐标系中的转换关系式。要注意的是，当把基矢量的转换也包括在内时，两个基矢量也需要两个转换系数，因而总共是 4 个转换系数，不过基矢量与张量分量是对偶表示，基矢量的转换系数 $A_{i'}^iA_{j'}^j$ 自然与张量分量的转换系数 $A_i^{i'}A_j^{j'}$ (矩阵) 互逆，均为 3×3 的方阵 (在相对论的时空坐标系中是 4×4 的方阵)。也就是说，张量的协变 (下角标) 与基矢量的逆变 (上角标) 相对应，如：$T_{ij}\boldsymbol{g}^i\boldsymbol{g}^j$；反之依然，张量的逆变 (上角标) 与基矢量的协变 (下角标) 相对应，如：$T^{ij}\boldsymbol{g}_i\boldsymbol{g}_j$，在张量的这种对偶表示中 (以 $T^{ij}\boldsymbol{g}_i\boldsymbol{g}_j$ 为例)，从一个坐标系 x^i 转换到另一个坐标系 $x^{i'}$ 时，张量分量 T^{ij} 的转换矩阵 $[A_i^{i'}A_j^{j'}]$ 与基矢量 $\boldsymbol{g}_i\boldsymbol{g}_j$ 的转换矩阵 $[A_{i'}^iA_{j'}^j]$ 是互为转置

逆矩阵 (正交矩阵)，即二者相乘是单位矩阵：$[A^i_{i'}A^j_{j'}][A^{i'}_i A^{j'}_j] = \boldsymbol{I}$。因此，可以保持张量表达式特别是张量方程的形式不变：

$$T^{ij}\boldsymbol{g}_i\boldsymbol{g}_j \xrightleftharpoons[x^i]{x^{i'}} T^{i'j'}\boldsymbol{g}_{i'}\boldsymbol{g}_{j'} \tag{2-7}$$

体现了物理规律的客观性，即与坐标系的选择无关 (也就是常说的协变性或广义相对论中经常强调的广义协变性，意指张量和它的基矢量协同变换)。如果是在流形意义下表示张量，由于用数据组代替了坐标点，张量表达的物理规律自然与坐标系无关。

如果将基矢量$\boldsymbol{g}_i = \dfrac{\partial \boldsymbol{r}}{\partial x^i} = \dfrac{\partial}{\partial x^i}(x^{i'}\boldsymbol{g}_i) = \dfrac{\partial x^{i'}}{\partial x^i}\boldsymbol{g}_{i'}$ 代入 $T^{ij}\boldsymbol{g}_i\boldsymbol{g}_j = T^{i'j'}\boldsymbol{g}_{i'}\boldsymbol{g}_{j'}$，同样可得 $T^{ij}\boldsymbol{g}_i\boldsymbol{g}_j = T^{ij}\dfrac{\partial x^{i'}}{\partial x^i}\dfrac{\partial x^{j'}}{\partial x^j}\boldsymbol{g}_{i'}\boldsymbol{g}_{j'} = T^{i'j'}\boldsymbol{g}_{i'}\boldsymbol{g}_{j'}$，即：

$$T^{i'j'} = \frac{\partial x^{i'}}{\partial x^i}\frac{\partial x^{j'}}{\partial x^j}T^{ij} \tag{2-8}$$

类似地，协变张量和混变张量分别是

$$\boldsymbol{T}_{i'j'} = \frac{\partial \boldsymbol{x}^i}{\partial \boldsymbol{x}^{i'}}\frac{\partial \boldsymbol{x}^j}{\partial \boldsymbol{x}^{j'}}\boldsymbol{T}_{ij} \tag{2-9}$$

$$T^{i'}_{j'} = \frac{\partial \boldsymbol{x}^{i'}}{\partial \boldsymbol{x}^i}\frac{\partial \boldsymbol{x}^j}{\partial \boldsymbol{x}^{j'}}T^i_j \tag{2-10}$$

显然，$\boldsymbol{T}^{i'}_{i'} = \boldsymbol{T}^i_i$，将这些表示式推广至 k 协变和 s 逆变的混变张量，就有如下表示式 (也参考雅可比公式 (2-2))

$$T^{j'_1\cdots j'_s}_{i'_1\cdots i'_k} = \frac{\partial x^{j'}_1}{\partial x^j_1}\cdots\frac{\partial x^{j'}_s}{\partial x^j_s}\cdot\frac{\partial x^i_1}{\partial x^{i'}_1}\cdots\frac{\partial x^i_k}{\partial x^{i'}_k}T^{j_1\cdots j_s}_{i_1\cdots i_k} \tag{2-11}$$

或者指明逆变在前，协变在后的表示式

$$T^{j_1'\cdots j_s'}_{i_1'\cdots i_k'}=\frac{\partial x_1^{j'}}{\partial x_1^{j}}\cdots\frac{\partial x_s^{j'}}{\partial x_s^{j}}\cdot\frac{\partial x_1^{i}}{\partial x_1^{i'}}\cdots\frac{\partial x_k^{i}}{\partial x_k^{i'}}T^{j_1\cdots j_s}_{i_1\cdots i_k} \tag{2-12}$$

当然，也可以是协变在前，逆变在后，就不再重复了。上述表示式是针对张量分量的表示，也是张量变换的规则和自洽性的体现，如果物理量不满足式 (2-8) 或式 (2-11) 的变换规则，那就意味着不是张量，这里的表示式只是略去了基矢量。(有些物理学家喜欢采用上述表示方法，如狄拉克 (P. A. M. Drac) 在他的《广义相对论》经典讲义中 [7,8]，认为上下指标数目各自分别相等，是一种 “均衡”(balancing)，可以判断公式的对错，例如 $\boldsymbol{T}^{i'}_{j'}=\dfrac{\partial x^{i'}}{\partial x^{i}}\dfrac{\partial x^{j}}{\partial x^{j'}}\boldsymbol{T}^{i}_{j}$，公式左边混合张量 $\boldsymbol{T}^{i'}_{j'}$ 的上下指标 i',j' 与公式右边 i',j' 的上下位置完全一致，而右边张量 $\boldsymbol{T}^{i}_{j}$ 的上下指标 i,j，则与 $\dfrac{\partial x^{i'}}{\partial x^{i}}\dfrac{\partial x^{j}}{\partial x^{j'}}$ 中 i,j 的上下位置相反，表现出均衡的特点，也就是对公式 (2-7) 的物理意义的一种简单说明)

值得特别指出的是，对克氏符号也可以进行坐标变换，通过坐标变换，可以设法使克氏符号等于零，以便简化计算 (因此，很多数学著作将此作为张量的定义)。可是，在曲线坐标系中，并不能保证使它全部为零，因此，就要看一看其值如何随坐标变化，这个变化反映了坐标系的弯曲特性。正是出于这种考虑，在进行坐标转换时，发现了黎曼–克里斯托费尔曲率张量。前面在讨论矢量平行移动问题时，也曾得出曲率张量，现在，通过下面的内容说明，如何通过坐标变换方法得出曲率张量，可以进一步体会坐标变换在张量分析方法中的具体应用。

我们知道，对基矢量，例如 e_i' 和 e_α 进行坐标变换时，需要计入基矢量本身随坐标点的改变引起的附加项，即 $e'_i = e_\alpha \dfrac{\partial \varsigma^\alpha}{\partial \eta^i}$，若用 Γ'^k_{ij} 和 Γ^k_{ij} 分别表示在新坐标系中 η^i 和旧坐标系 ς^i 中的第二类克氏符号，在对基矢量微分时，就会出现克氏符号，也就是说，$\dfrac{\partial e'_i}{\partial \eta^j} = \Gamma'^\alpha_{ij} e'_\alpha$，$\dfrac{\partial e_\alpha}{\partial \varsigma^\beta} = \Gamma^\omega_{\alpha\beta} e_\omega = \Gamma^\omega_{\alpha\beta} \dfrac{\partial \eta^\gamma}{\partial \varsigma^\omega} e'_\gamma$，$e_\omega = \dfrac{\partial \eta^\gamma}{\partial \varsigma^\omega} e'_\gamma$，有了这些关系式，再注意到对 $e'_i = e_\alpha \dfrac{\partial \varsigma^\alpha}{\partial \eta^i}$ 求导时，是 e_α 与 $\dfrac{\partial \varsigma^\alpha}{\partial \eta^i}$ 乘积的复合求导，以及变量替换：$\dfrac{\partial e'_i}{\partial \eta^j} = \dfrac{\partial e'_i}{\partial \varsigma^\beta} \dfrac{\partial \varsigma^\beta}{\partial \eta^j}$，这样就可得以下结果

$$\begin{aligned}\Gamma'^\alpha_{ij} e'_\alpha &= \frac{\partial e'_i}{\partial \eta^j} \\ &= \Gamma^\omega_{\alpha\beta} \frac{\partial \eta^\gamma}{\partial \varsigma^\omega} \frac{\partial \varsigma^\alpha}{\partial \eta^i} \frac{\partial \varsigma^\beta}{\partial \eta^j} e'_\gamma + \frac{\partial^2 \varsigma^\omega}{\partial \eta^i \partial \eta^j} \frac{\partial \eta^\gamma}{\partial \varsigma^\omega} e'_\gamma \\ &= \left(\Gamma^\omega_{\alpha\beta} \frac{\partial \varsigma^\alpha}{\partial \eta^i} \frac{\partial \varsigma^\beta}{\partial \eta^j} + \frac{\partial^2 \varsigma^\omega}{\partial \eta^i \partial \eta^j} \right) \frac{\partial \eta^\gamma}{\partial \varsigma^\omega} e'_\gamma \end{aligned} \tag{2-13}$$

$$\Gamma'^\gamma_{ij} = \left(\Gamma^\omega_{\alpha\beta} \frac{\partial \varsigma^\alpha}{\partial \eta^i} \frac{\partial \varsigma^\beta}{\partial \eta^j} + \frac{\partial^2 \varsigma^\omega}{\partial \eta^i \partial \eta^j} \right) \frac{\partial \eta^\gamma}{\partial \varsigma^\omega} \tag{2-14}$$

由于 $\partial \eta^\gamma / \partial \varsigma^\omega$ 是坐标变换的雅可比矩阵，它决定了基矢量 e'_i 和 e_α 的坐标变换，其行列式 $\det \left| \dfrac{\partial \eta^\gamma}{\partial \varsigma^\omega} \right| \neq 0$，要想使 $\Gamma'^\alpha_{ij} = 0$，即式 (2-14) 等于零，只能是括号内的表示式等于零

$$\Gamma^\omega_{\alpha\beta} \frac{\partial \varsigma^\alpha}{\partial \eta^i} \frac{\partial \varsigma^\beta}{\partial \eta^j} + \frac{\partial^2 \varsigma^\omega}{\partial \eta^i \partial \eta^j} = 0 \tag{2-15}$$

使式 (2-15) 对 η^k 求导，对所得公式交换下角标并消去二阶导数，然后二者相减，由克氏符号 $\Gamma^\omega_{\alpha\beta}$ 的对称性，可得下式 (式 (1-29) 给出曲率张量的方法，物理意义比较直观)

$$R_{\beta s\alpha\cdot}^{\cdot\cdot\cdot\omega} = \frac{\partial \Gamma_{\alpha\beta}^{\omega}}{\partial \varsigma^{s}} - \frac{\partial \Gamma_{\alpha s}^{\omega}}{\partial \varsigma^{\beta}} + \Gamma_{\lambda s}^{\omega}\Gamma_{\alpha\beta}^{\lambda} - \Gamma_{\lambda\beta}^{\omega}\Gamma_{\alpha s}^{\lambda} \tag{2-16}$$

式中 $R_{\beta s\alpha\cdot}^{\cdot\cdot\cdot\omega}$ 就是黎曼–克里斯托费尔曲率张量，显然有 $R_{ik\mu\nu} = g_{\alpha\nu}R_{ik\mu\cdot}^{\cdot\cdot\cdot\alpha}$。也就是说，在曲线坐标系中，无法借助坐标变换使克氏符号处处为零，它随坐标按式 (2-16) 变化，这也是曲线坐标系的固有特点。

考虑到曲率张量在广义相对论中的重要作用 —— 描述和度量时空的弯曲程度，因此，有必要就黎曼–克里斯托费尔曲率张量是如何构建的，再作一些补充说明。

现在，还可以给出获得曲率张量的第三种方法，对于向量场中任一一阶张量或向量 T^i 进行协变微分 ∇_l，可得二阶张量 $\nabla_l T^i$，再进行协变微分，可得三阶张量 $\nabla_k\nabla_l T^i$，交换微分顺序，那么，$\nabla_k\nabla_l T^i$ 与 $\nabla_l\nabla_k T^i$ 是否相等呢？换句话说，$(\nabla_k\nabla_l T^i - \nabla_l\nabla_k T^i)$ 是否为零？为此，分别计算 $\nabla_k\nabla_l T^i$ 和 $\nabla_l\nabla_k T^i$：

根据基础篇中的式 (1-28) 和式 (1-29) 可得 $\nabla_l T^i = \dfrac{\partial T^i}{\partial x^l} + \Gamma_{ql}^{i}T^q$，而 $\left(\dfrac{\partial T^i}{\partial x^l} + \Gamma_{ql}^{i}T^q\right)$ 是二阶张量，对它微分时，需要有两个附加项 (参见 2.4 节中的“张量的导数运算”)，当然也可以将 T^i 和 T^q 分别进行协变微分，各自需要有相应的克氏符号 Γ_{ql}^{p} 和 Γ_{lk}^{p}，$\nabla_k\nabla_l T^i$ 的具体计算如下：

$$\nabla_l T^i = \left(\frac{\partial T^i}{\partial x^l} + \Gamma_{ql}^{i}T^q\right)$$

$$\nabla_k\nabla_l T^i = \frac{\partial}{\partial x^k}\left(\frac{\partial T^i}{\partial x^l} + \Gamma_{ql}^{i}T^q\right)$$

$$
+\underbrace{\Gamma^i_{pk}\left(\frac{\partial T^p}{\partial x^l}+\Gamma^p_{ql}T^q\right)}_{\text{附加项 }-1}-\underbrace{\Gamma^p_{lk}\left(\frac{\partial T^i}{\partial x^p}+\Gamma^i_{qp}T^q\right)}_{\text{附加项 }-2}
$$

$$
\begin{aligned}
&=\frac{\partial^2 T^i}{\partial x^k\partial x^l}+\frac{\partial T^q}{\partial x^k}\Gamma^i_{ql}+T^q\frac{\partial \Gamma^i_{ql}}{\partial x^k}\\
&\quad+\Gamma^i_{pk}\Gamma^p_{ql}T^q-\Gamma^p_{lk}\frac{\partial T^i}{\partial x^p}-\Gamma^p_{lk}\Gamma^i_{qp}T^q
\end{aligned}
\tag{2-17}
$$

而 $\nabla_l\nabla_k T^i$ 的计算就是将上式中的角标 l 和 k 对调，考虑到克氏符号的对称性，然后两个公式相减，易得下式

$$
\begin{aligned}
&\nabla_k\nabla_l T^i-\nabla_l\nabla_k T^i\\
&=\left(\frac{\partial \Gamma^i_{ql}}{\partial x^k}-\frac{\partial \Gamma^i_{qk}}{\partial x^l}\right)T^q+\left(\Gamma^i_{pk}\Gamma^p_{ql}-\Gamma^i_{pl}\Gamma^p_{qk}\right)T^q-\left(\Gamma^p_{lk}-\Gamma^p_{kl}\right)\frac{\partial T^i}{\partial x^p}\\
&=\left(\frac{\partial \Gamma^i_{ql}}{\partial x^k}-\frac{\partial \Gamma^i_{qk}}{\partial x^l}+\Gamma^i_{pk}\Gamma^p_{ql}-\Gamma^i_{pl}\Gamma^p_{qk}\right)T^q-T^p_{kl}\frac{\partial T^i}{\partial x^p}
\end{aligned}
\tag{2-18}
$$

括号中的表达式就是黎曼–克里斯托费尔曲率张量，用 R^i_{qkl} 表示

$$
R^i_{qkl}=\frac{\partial \Gamma^i_{ql}}{\partial x^k}-\frac{\partial \Gamma^i_{qk}}{\partial x^l}+\Gamma^i_{pk}\Gamma^p_{ql}-\Gamma^i_{pl}\Gamma^p_{qk}
\tag{2-19}
$$

另一项是 $T^p_{kl}\dfrac{\partial T^i}{\partial x^p}$，系数 T^p_{kl} 称作挠率张量。当 $\Gamma^p_{kl}\neq\Gamma^p_{lk}$ 时，意味着克氏符号由对称部分和非对称部分组成，这时挠率张量 $T^p_{kl}=\Gamma^p_{kl}-\Gamma^p_{lk}\neq 0$，它是一个三阶张量，在宇宙学的研究中曾有过应用。上述计算表明，$\nabla_k\nabla_l T^i-\nabla_l\nabla_k T^i\neq 0$，在笛卡儿坐标系克氏符号为零，对于曲线坐标系，克氏符号也是一种度量，起码是坐标系特征的表征 (如果克氏符号通过曲率张量描述了空间的弯曲，那么挠率张量是否意味着空间还有扭曲呢，在广义相对论中，爱因斯坦拒绝了这种可

能性)。

这里论述的坐标变换、张量变换和基矢量变换并不是一回事，不要混淆了。值得注意的是，在微分几何中，给定型如 $\boldsymbol{T}_{i_1\cdots i_q}^{j_1\cdots j_p}$ 的张量时，也常按逆变指标中的 p 和协变指标中的 q 对张量进行分类，例如以 (p,q) 划分时，有 $(0,1)$ 型，$(0,2)$ 型，$(1,0)$ 型和 $(2,0)$ 型等张量。

2.3　张量的两种定义

提到张量，一定要记住它和坐标系的密切相关，而且是与对偶坐标系有关，在张量的表示中，必须指明张量是在对偶坐标系的哪个基矢量中分解的，张量不能离开对偶坐标系的基矢量而单独存在。因此，说张量分析本质上是坐标系中基矢量之间的变换关系，并不为过。即使以后为了方便，很多情况下，不再写出基矢量，那也不意味着张量的分解与坐标系无关了，只是通过张量分量的上下角标就可以立即知道相关的基矢量。因此，熟悉张量也就是熟悉基矢量的转换关系，需要理解的基本原理并不多，但是，需要记住的内容却很多，为此，准备一本包括张量内容的数学手册以供随时查阅 (例如参考文献 [35])，可以减轻记忆负担。

自然界中任一空间位置处的温度，空气密度只是位置的函数，与方向无关；电磁场中某一点的状态是由作用强度与方向共同确定的，例如电场强度，磁场强度，它们都是矢量。然而，张量却与此不同，很难把它设想成像矢量那样具体的物理量，现在，通常用两种定义来解释张量，分述如下：

1. 按照矢量分解的方式定义

一般而言，矢量与它的分量是等价的，一个矢量有 3 个基矢量 $\boldsymbol{g}_i(i=1,2,3)$，它的对偶分解是 $\boldsymbol{g}^i$，也有 3 个分矢量，两次分解 ($\boldsymbol{g}_i$ 对 $\boldsymbol{g}^i$ 的分解或 $\boldsymbol{g}^i$ 对 $\boldsymbol{g}_i$ 的分解) 共有 9 个分量，这 9 个分矢量的集合就称作张量，如前面提到的度规张量 g_{ij} 和 g^{ij}。但是，这种矢量分解的定义不能很好地体现张量的物理意义，我们给出一个更具体一些的解释。考虑粘性流体中一个正六面体微元 $\mathrm{d}D$ (宏观小而微观大)，受力作用产生的效果与方向密切有关，在每一个面元上的作用力 (穿过该面元任意方向的力) 都可以在空间上分解为 3 个互相正交的应力，其中正压力用 σ_{ii} 表示 (σ_{11}，σ_{22}，σ_{22})，只是需要注意，切应力是指面元正侧 (法线正方向一侧，如图 2.1 中实线所示) 对面元负侧的单位面积上的作用力 (图 2.1 中的点画线表示对应的反作用力)；三个互相正交的面元上的受力情况代表了任何形状微元体的受力情况。这三个面元共有 9 个应力分矢量 (3 个正压力 $\boldsymbol{\sigma}_{ii}$，6 个沿面元切向的切应力 $\boldsymbol{\tau}_{ij}$)，它们在整体上确定了微元体的受力状态，因此，可以称作应力张量 $\boldsymbol{S}_{ij}$，它与矢量的区别是很明显的：矢量是一点上受力的局部描述，需要 3 个分量；应力张量是微元体受力的整体描述，需要 9 个分量。

正如费因曼 (R. P. Feynman) 特别指出的，描述性质随方向变化的物质结构需要张量，这已如上述。现在，还可以从几何学的角度给出一个直观的解释，为了描述流体质点在流场中的运动，需要一个参考坐标系 (通常是笛卡儿坐标系：$O\text{-}e_xe_ye_z$)，作用在流体质点上的力矢量在随流体质点运动的坐标系 ($O\text{-}g_xg_yg_z$) 中可以分解为三个

分矢量 F_x，F_y 和 F_z(如果用随体坐标系的基矢量表示，则有：$F_x = \boldsymbol{F}\boldsymbol{g}_x$，$F_y = \boldsymbol{F}\boldsymbol{g}_y$，$F_z = \boldsymbol{F}\boldsymbol{g}_z$)。在一般情况下，随体坐标系的方向是任意的，也就是说，它的各坐标轴相对于参考坐标系的各坐标轴具有不同的朝向，这时，随体坐标系中的这 3 个分矢量 F_x，F_y 和 F_z 中的每一个在参考坐标系中均可以作为独立的矢量再分解为 3 个分矢量，即：F_{xx}，F_{xy}，F_{xz}；F_{yx}，F_{yy}，F_{yz}；F_{zx}，F_{zy}，F_{zz} (同样，如果用参考坐标系的基矢量表示，则有：$F_{xx} = \boldsymbol{F}\boldsymbol{g}_x\boldsymbol{e}_x$，$F_{xy} = \boldsymbol{F}\boldsymbol{g}_x\boldsymbol{e}_y$，$F_{xz} = \boldsymbol{F}\boldsymbol{g}_x\boldsymbol{e}_z$；$F_{yx} = \boldsymbol{F}\boldsymbol{g}_y\boldsymbol{e}_x$，$F_{yy} = \boldsymbol{F}\boldsymbol{g}_y\boldsymbol{e}_y$，$F_{yz} = \boldsymbol{F}\boldsymbol{g}_y\boldsymbol{e}_z$；$F_{zx} = \boldsymbol{F}\boldsymbol{g}_z\boldsymbol{e}_x$，$F_{zy} = \boldsymbol{F}\boldsymbol{g}_z\boldsymbol{e}_y$，$F_{zz} = \boldsymbol{F}\boldsymbol{g}_z\boldsymbol{e}_z$)。其中，$F_{xy}$ 和 F_{yx}，F_{yz} 和 F_{zy}；F_{xz} 和 F_{zx} 常是对称的或是反对称的，这 9 个分矢量就组成笛卡儿坐标系中的一个张量，在这个意义下，可以说张量是矢量的矢量或多重矢量，它的分量组成作用力 $\boldsymbol{F}$ 的二阶张量

$$
\begin{aligned}
\boldsymbol{F}_{ij} &= \boldsymbol{F}\boldsymbol{e}_i\boldsymbol{g}_j \\
&= \begin{bmatrix} F_{xy} & F_{xy} & F_{xy} \\ F_{yx} & F_{yy} & F_{yz} \\ F_{zx} & F_{zy} & F_{zz} \end{bmatrix}
\end{aligned}
$$

换句话说，当一个作用量的分量在不同的方向上对物体均有影响或作用时，就需要张量描述，例如电磁场中的极化，晶体结构等。这时，就可以将张量解释得更简单更清楚，在电场中，晶体的极化强度 $\boldsymbol{P}$ 与电场强度 $\boldsymbol{E}$ 成正比，但是，晶体的极化是各向异性的，在空间由其分量 $\boldsymbol{P}_x$，$\boldsymbol{P}_y$ 和 $\boldsymbol{P}_z$ 形成椭球体，因而，电场强度 $\boldsymbol{E}$ 的分量 $\boldsymbol{E}_x$，$\boldsymbol{E}_y$ 和 $\boldsymbol{E}_z$ 都对极化强度 $\boldsymbol{P}$ 每一个极化分量的强度有贡献。也就是说，$\boldsymbol{P}_x = a_{xx}\boldsymbol{E}_x + a_{xy}\boldsymbol{E}_y + a_{xz}\boldsymbol{E}_z$，同理，有 $\boldsymbol{P}_y = a_{yx}\boldsymbol{E}_x + a_{yy}\boldsymbol{E}_y + a_{yz}\boldsymbol{E}_z$ 和

$\boldsymbol{P}_z = a_{zx}\boldsymbol{E}_x + a_{zy}\boldsymbol{E}_y + a_{zz}\boldsymbol{E}_z$，这 9 个量 $a_{ij}\boldsymbol{E}_j$ 就形成了极化张量 $\boldsymbol{P}_i = a_{ij}\boldsymbol{E}_j$，显然，将极化强度 $\boldsymbol{P}$ 表示成电场强度 $\boldsymbol{E}$ 的各分量 $a_{ij}\boldsymbol{E}_j$ 的矩阵，就对张量有了更具体的理解。

$$a_{ij} = \begin{bmatrix} a_{xx} & a_{xy} & a_{xz} \\ a_{yx} & a_{yy} & a_{yz} \\ a_{zx} & a_{zy} & a_{zz} \end{bmatrix}$$

$$\text{或} \quad E_{ij} = \begin{bmatrix} a_{xx}E_x & a_{xy}E_y & a_{xz}E_z \\ a_{yx}E_x & a_{yy}E_y & a_{yz}E_z \\ a_{zx}E_x & a_{zy}E_y & a_{zz}E_z \end{bmatrix}$$

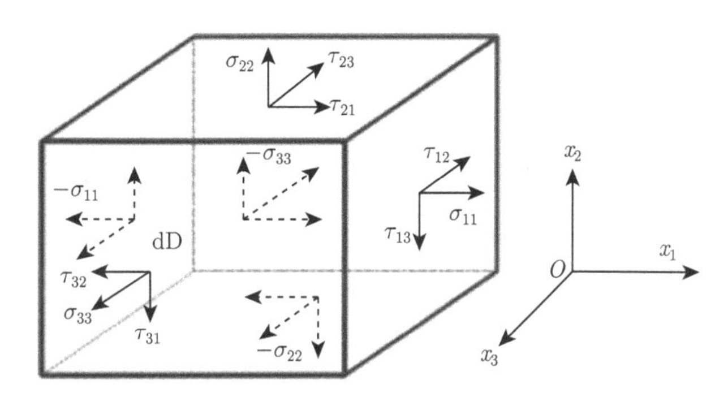

图 2.1 正六面体微元上的应力分量 (实线和虚线) 的平衡

2. 按照并矢运算方式的定义

其实两个矢量 $\boldsymbol{a}$ 和 $\boldsymbol{b}$ 的并矢就是二者的相互作用，各自有 3 个分量，相互作用形成 9 个分量 (a_ib_j 或 a^ib^j) 的集合就是张量，这种相互作用用 $\otimes$ 符号表示 (或称作直积或线性投影算子)，也可以省略，如下式所示

$$\boldsymbol{a} \otimes \boldsymbol{b} = \boldsymbol{ab} = a^ib^j\boldsymbol{g}_i\boldsymbol{g}_j = a_ib_j\boldsymbol{g}^i\boldsymbol{g}^j = a_ib^j\boldsymbol{g}^i\boldsymbol{g}_j = a^ib_j\boldsymbol{g}_i\boldsymbol{g}^j$$

并矢的矩阵表示如下

$$\boldsymbol{ab}=\begin{bmatrix} a_1b_1 & a_1b_2 & a_1b_3 \\ a_2b_1 & a_2b_2 & a_2b_3 \\ a_3b_1 & a_3b_2 & a_3b_3 \end{bmatrix}=T(a_ib_j)=T(i,j) \tag{2-20}$$

并矢不满足交换律，即 $\boldsymbol{ab}\neq\boldsymbol{ba}$。可以看出，乘积的含义是表示自然界中的相互作用。将并矢或张量在具体坐标系中用分量表示时，$\boldsymbol{a}\otimes\boldsymbol{b}$ 的分量 a_ib_j(或 a^ib^j 或 a^ib_j) 或幅值记为 T^{ij}(或 T_{ij} 或 $T^i_{\cdot j}, T_j^{\cdot i}$)，新旧坐标系分别记为 $\boldsymbol{g}_i\boldsymbol{g}_j$，$\boldsymbol{g}^i\boldsymbol{g}^j$，$\boldsymbol{g}^i\boldsymbol{g}_j$，$\boldsymbol{g}^j\boldsymbol{g}_i$ 或 $\boldsymbol{g}_{i'}\boldsymbol{g}_{j'}$，$\boldsymbol{g}^{i'}\boldsymbol{g}^{j'}$，$\boldsymbol{g}^{i'}\boldsymbol{g}_{j'}$，$\boldsymbol{g}^{j'}\boldsymbol{g}_{i'}$。幅值与坐标基矢量合在一起，就构成了张量的并矢表示：$T^{ij}\boldsymbol{g}_i\boldsymbol{g}_j$，$T_{ij}\boldsymbol{g}^i\boldsymbol{g}^j$，$T^{i'j'}\boldsymbol{g}_{i'}\boldsymbol{g}_{j'}$ 和 $T_{i'j'}\boldsymbol{g}^{i'}\boldsymbol{g}^{j'}$。此外，还有基矢量的混变表示，这时，一般要指明逆变和协变的先后顺序，通常用上圆点 “·” 或下圆点 “.” 将逆变与协变指标隔开，位于圆点前面的为先，如 $T_i^{\cdot j}$，$T^i_{\cdot j}$，表示指标 “i” 的变换先于 “j”。这样，混变张量的表示便是：$T_i^{\cdot j}\boldsymbol{g}^i\boldsymbol{g}_j$，$T^i_{\cdot j}\boldsymbol{g}_i\boldsymbol{g}^j$；三阶混变张量则如：$T^i_{\cdot jk}g_ig^jg^k$ 和 $T^{ij}_{\cdot\cdot}g_ig^jg^k$，等等；有时省去圆点，只用空格隔开，如：$T_i^{\cdot j}\boldsymbol{g}^i\boldsymbol{g}_j\leftrightarrow T_i^j\boldsymbol{g}^i\boldsymbol{g}_j$，$T^i_{\cdot j}\boldsymbol{g}_i\boldsymbol{g}^j\leftrightarrow T^i_j\boldsymbol{g}_i\boldsymbol{g}^j$，$T^i_{\cdot jk}\boldsymbol{g}_i\boldsymbol{g}^j\boldsymbol{g}^k\leftrightarrow T^i_{jk}\boldsymbol{g}_i\boldsymbol{g}^j\boldsymbol{g}^k$，等。

如果两个张量 A_{ik} 和 B^{ik} 满足 $A_{ik}B^{kl}=\delta_i^l$，就称它们是互逆的，显然，$g_{ik}g^{kl}=\delta_i^l$，根据式 (1-9) 和式 (1-10)，当将基矢量 $\boldsymbol{g}^i$ 或 $\boldsymbol{g}_i$ 用张量代替时，就有 $A^i=g^{ik}A_k$，$A_i=g_{ik}A^k$。

这里所说的并矢是指基矢量的并矢，它们相互作用的强度已经包含在 T^{ij}，T^i_j 和 $T^i_{\cdot jk}$ 这样的符号中，基矢量的表示只是张量的属性，体现坐标系之间的变换。下面给出张量的并矢的一般表示式

$$\boldsymbol{T}=T^{i\cdots j}_{k\cdots l}\boldsymbol{g}_i\cdots\boldsymbol{g}_j\boldsymbol{g}^k\cdots\boldsymbol{g}^l$$

$$
\begin{aligned}
&= T_{i\cdots j}^{k\cdots l}\boldsymbol{g}^i\cdots\boldsymbol{g}^j\boldsymbol{g}_k\cdots\boldsymbol{g}_l \\
&= T^{i\cdots jk\cdots l}\boldsymbol{g}_i\cdots\boldsymbol{g}_j\boldsymbol{g}_k\cdots\boldsymbol{g}_l \\
&= T_{i\cdots jk\cdots l}\boldsymbol{g}^i\cdots\boldsymbol{g}^j\boldsymbol{g}^k\cdots\boldsymbol{g}^l
\end{aligned} \tag{2-21}
$$

根据并矢表示方法，度量张量可以表示为

$$\boldsymbol{G} = g_{ij}\boldsymbol{g}^i\boldsymbol{g}^j = \delta_j^i g_i g^j = \delta_i^j g^i g_j = g^{ij}\boldsymbol{g}_i\boldsymbol{g}_j \tag{2-22}$$

$$g_{ik}g^{kl} = \delta_i^l \tag{2-23}$$

上式表明，度规张量的两个分量分别是混变分量 $\boldsymbol{g}_{\cdot j}^{i\cdot} = \delta_j^i$ 和 $g_{i\cdot}^{\cdot j} = \delta_i^j$，在笛卡儿坐标系中，它的矩阵可以表示为单位对角矩阵 (i 为行元素，j 为列元素)

$$\boldsymbol{G} = \begin{bmatrix} 1 & 0 & 0 \\ 0 & 1 & 0 \\ 0 & 0 & 1 \end{bmatrix} \tag{2-24}$$

因此 $\boldsymbol{G}$ 可以将矢量和张量分别映射为其自身，即：$\boldsymbol{G}\cdot\boldsymbol{v} = \boldsymbol{v}$ 和 $\boldsymbol{G}\cdot\boldsymbol{T} = \boldsymbol{T}$。

从上述可知，张量的并矢表示 ($T^{ij}\boldsymbol{g}_i\boldsymbol{g}_j$) 在新旧坐标系中具有相同的形式，即：$T^{ij}\boldsymbol{g}_i\boldsymbol{g}_j = T^{i'j'}\boldsymbol{g}_{i'}\boldsymbol{g}_{j'}$，因此，这种表示也称作不变性表示，意指不随坐标系的不同而改变，，反映了物理规律的客观性，为实际应用带来极大方便。爱因斯坦在创立广义相对论时，苦于没有合适的数学工具，求助于他的挚友，当时已是数学教授的格罗斯曼，格罗斯曼也是经过几天的思考和查询，才确定了正处于发展阶段的张量理论就是爱因斯坦寻找的最恰当的数学工具，因为张量表达式和方程不随坐标系的改变而变化，体现了物理规律的客观性，爱因斯坦认为新的理论应当是协变的，但是，对协变到底如何解释并不清楚，而张量方程不随坐标系而改变，正是协变性最恰当的体现，经过近八年的刻苦学习和思考，爱因斯坦终于理解和掌握了当时张量理论的精华，完成了引力的几何化表示和提出了引力场的张量方程。

2.4　重要的张量算符和运算规则

将高阶张量分解为低阶张量时，需要用到两个算符，即 Kronecker 算符 δ_{ij} (单位张量) 和替换算符 e_{ijk}。单位张量 $\delta_{ij}=\begin{cases}1, & i=j\\0, & i\neq j\end{cases}$，表示选择运算，例如 $\delta_{ij}A^i=A^j$；与此不同，$\delta_{ii}=3$ 表示 δ_{ij} 的迹 $\mathrm{tr}\boldsymbol{D}$，即矩阵 $[\delta_{ij}]$ 的对角元素之和。替换算符 e_{ijk} 的作用和取值 $(0,1,-1)$ 的规则如下：

$$
\begin{aligned}
e_{ijk}&=e^{ijk}\\
&=\begin{cases}1, & 当\ i,j,k=123\to231\to312\to123\ (顺时针循环)\\-1, & 当\ i,j,k=132\to321\to213\to132\ (逆时针循环)\\0, & 当\ i,j,k\ 中有两个的取值相同值时\end{cases}
\end{aligned}
\tag{2-25}
$$

这里介绍的有关 e_{ijk} 的内容在湍流文献中会经常遇到，只是一些数学表示的技巧，但熟悉它是有必要的，循环规则如图 2.2 所示。或者，更一般地说，一个元素个数有限的集合 S(或一个有限群 G)，如 (1,2,3)，它的任意序列，如 (3,1,2)，是由 (1,2,3) 中的元素经过 $(1,2,3)\mapsto\underbrace{(1,3,2)}_{1次置换}\mapsto\underbrace{(3,1,2)}_{1次置换}$ 的偶数次位置置换而得，即为 $+1$；而 (3,3,1) 则

是由 (1,2,3) 中的元素经过奇次置换 $(1,2,3)\mapsto\underbrace{(1,3,2)}_{1\text{次置换}}\mapsto\underbrace{(3,1,2)}_{1\text{次置换}}\mapsto\underbrace{(3,2,1)}_{1\text{次置换}}$ 而得，因而是 -1。这个元素位置的置换规则适用于任何有限元素的集合或有限群。

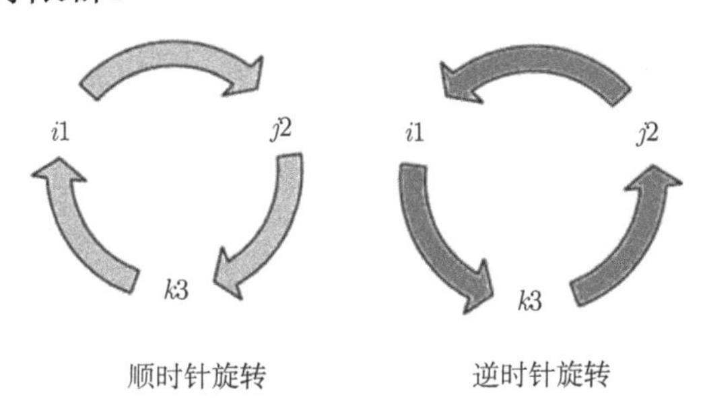

图 2.2 替换算符 e_{ijk} 的奇偶循环

利用 e_{ijk} 可以简化数学表示式，如

$$\nabla\times\boldsymbol{v}=\begin{bmatrix}\boldsymbol{g}_1 & \boldsymbol{g}_2 & \boldsymbol{g}_3\\ \dfrac{\partial}{\partial x_1} & \dfrac{\partial}{\partial x_2} & \dfrac{\partial}{\partial x_3}\\ v_1 & v_2 & v_3\end{bmatrix}\leftrightarrow(\nabla\times\boldsymbol{v})_i=e^{ijk}\frac{\partial v_k}{\partial x_j}\boldsymbol{g}_i \tag{2-26}$$

e_{ijk} 与正交标准基矢量 $[\boldsymbol{e}_i\ \boldsymbol{e}_j\ \boldsymbol{e}_k]=\boldsymbol{e}_i\times\boldsymbol{e}_j\cdot\boldsymbol{e}_k=1$ 有如下关系：$e_{ijk}=[\boldsymbol{e}_i\ \ \boldsymbol{e}_j\ \ \boldsymbol{e}_k]\varepsilon_{ijk}$。替换算符 e_{ijk} 也称为里奇符号，值得注意的是，它与另外一个称为爱丁顿 (Eddington) 置换张量 $\boldsymbol{\varepsilon}_{ijk}$ 的区别，e_{ijk} 不是张量，而 $\boldsymbol{\varepsilon}_{ijk}$ 是张量，即 $\boldsymbol{\varepsilon}=\varepsilon^{ijk}\boldsymbol{g}_i\boldsymbol{g}_j\boldsymbol{g}_k=\varepsilon_{ijk}\boldsymbol{g}^i\boldsymbol{g}^j\boldsymbol{g}^k$，$\varepsilon_{ijk}=[\boldsymbol{e}_i\ \ \boldsymbol{e}_j\ \ \boldsymbol{e}_k]\sqrt{g}e_{ijk}$，$\varepsilon^{ijk}=[\boldsymbol{e}_i\ \ \boldsymbol{e}_j\ \ \boldsymbol{e}_k]e^{ijk}/\sqrt{g}$，此处 $g=1/-J^2$，是度规张量的行列式：$g=\det|g_{ij}|$ 和 $\dfrac{1}{g}=\det|g^{ij}|$，由此可得 $e_{ijk}e^{ijk}=\varepsilon_{ijk}\varepsilon^{ijk}=2\delta_i^i=6$。

关系式 $g=1/-J^2$ 很容易获得，因为 $g_{ik}=g_{lm}\dfrac{\partial x^l}{\partial x'^i}\dfrac{\partial x^m}{\partial x'^k}$，两

边取行列式，则有 $g=|g^{ik}|=|g^{lm}|\left|\dfrac{\partial x^i}{\partial x'^l}\right|\left|\dfrac{\partial x^k}{\partial x'^m}\right|=J^2|g^{lm}|$，已知 $|g^{ik}|=\dfrac{1}{g}$，$|g^{lm}|=-1$，由此便得到关系式 $g=1/-J^2$，$J=1/\sqrt{-\mathrm{g}}$，这也是常用的一个关系式，在引力场的文献中可以经常看到。

下面论述张量的主要运算规则：

1. 缩并

是张量的内乘。我们知道，两个矢量的内乘 (点积) 是一个标量 (数量)，张量的内乘或点积也是一个标量，这样，张量的缩并就是协变与逆变基矢量之间的内积运算。因此，在张量的表示式中需要标明进行缩并的基矢量，然后通过指标的升降使指定的一对或多对基矢量具有上下对偶的指标。在下面的例子中，符号 $\overset{\bullet}{\overline{T}}$ 表示张量 $\boldsymbol{T}$ 需要缩并运算，符号 $\overset{\bullet}{\overline{g_j g^s}}$ 标明是基矢量 $\boldsymbol{g}_j$ 与 $\boldsymbol{g}^s$ 进行缩并运算，由于 $\boldsymbol{g}_j\boldsymbol{g}^s=\delta_j^s$，而 δ_j^s 就起到缩并自由标为哑标的作用，即

$$
\begin{aligned}
\overset{\bullet}{\overline{T}} &= T^{ijk}_{rst}\, g_i \overset{\bullet}{\overline{g_j g_k g^r g^s}} g^t \\
&= T^{ijk}_{rst}(\boldsymbol{g}_j\cdot\boldsymbol{g}^s)\boldsymbol{g}_i\boldsymbol{g}_k\boldsymbol{g}^r\boldsymbol{g}^t \\
&= T^{ijk}_{rst}\delta_j^s\boldsymbol{g}_i\boldsymbol{g}_k\boldsymbol{g}^r\boldsymbol{g}^t \\
&= T^{ijk}_{rjt}\delta_j^j\boldsymbol{g}_i\boldsymbol{g}_k\boldsymbol{g}^r\boldsymbol{g}^t \\
&= S^{ik}_{rt}\boldsymbol{g}_i\boldsymbol{g}_k\boldsymbol{g}^r\boldsymbol{g}^t
\end{aligned}
\tag{2-27}
$$

式中 S^{ik}_{rt} 表示混合张量 T^{ijk}_{rjt} 中对哑标 j 的缩并运算, 即对处于上、下同一哑标 j 求和的结果：$S^{ik}_{rt}=T^{ijk}_{rjt}=\sum\limits_j T^{ijk}_{rjt}$，求和运算后指标 j 已经消失。显然，张量 $\boldsymbol{S}$ 比原张量 $\boldsymbol{T}$ 的阶数降低两阶。缩并也可以写

成如下更简单的形式：

$$\begin{aligned}S_{rt}^{ik} &= \sum_{\alpha} T_{r,s=\alpha,t}^{i,j=\alpha,k} \boldsymbol{g}_i \boldsymbol{g}_{j=\alpha} \boldsymbol{g}_k \boldsymbol{g}^r \boldsymbol{g}^{s=\alpha} \boldsymbol{g}^t \\ &= T_{rst}^{ijk} \delta_j^s \boldsymbol{g}_i \boldsymbol{g}_j \boldsymbol{g}_k \boldsymbol{g}^r \boldsymbol{g}^s \boldsymbol{g}^t \\ &= S_{rt}^{ik} \boldsymbol{g}_i \boldsymbol{g}_k \boldsymbol{g}^r \boldsymbol{g}^t\end{aligned}$$

利用式 (1-10) 表示的 g_{ij} 对指标的升高和 g^{ij} 对指标的降低，以及缩并运算，可以构成新的张量，例如，前面曾提到的一个很重要的张量是黎曼–克里斯托费尔曲率张量 (R-C 曲率张量)，它的分量是 $R_{ij\mu\nu}$，将指标 j 升为上角标，然后令 $j=\mu$，进行缩并运算，即：$R_{ij\mu\nu} \rightarrow R_{i\cdot\mu\nu}^{\cdot j\cdot\cdot} \rightarrow R_{i\cdot\mu\nu}^{\cdot\mu\cdot\cdot} \rightarrow R_{iv}$，$R_{i\nu}$ 是另一个重要的对称张量，称为里奇–外尔 (Riccii-Weyl) 张量。对此张量 $R_{i\nu}$ 进行缩并，就可以得到重要的曲率标量 R (它与克氏符号密切相关。如果更详细一些，这一过程也可以表示为：$R=g^{ij}R_{ij}=g^{i\mu}g^{j\nu}R_{ij\mu\nu}$ 或者 $g^{j\mu}R_{ij\mu\nu} \rightarrow g^{i\nu}R_{i\nu} \rightarrow R$)，由此可知，任意二阶张量进行缩并运算的结果是标量，对应于二阶混合张量的求和运算，称为二阶张量的迹 $\mathrm{tr}\boldsymbol{D}$，也就是标量矩阵的对角元素之和 $\mathrm{tr}\boldsymbol{D}=T_i^i=T_i^i$。此外，利用 R-C 曲率张量换可以组成毕安基等式，在引力场理论中很重要，我们将在那里给出具体结果和物理学的诠释。

2. 混合积

3 个矢量的混合积记为 $[\boldsymbol{u}\ \boldsymbol{v}\ \boldsymbol{w}]=\boldsymbol{u}\times\boldsymbol{v}\cdot\boldsymbol{w}$，它是由 $\boldsymbol{u}$，$\boldsymbol{v}$ 和 $\boldsymbol{w}$ 构成六面体的体积。3 个基矢量的混合积记为 $[g_1\ g_2\ g_3]$，有如下很重要的关系：$[g_1\ g_2\ g_3]=\sqrt{g}$，$[g^1\ g^2\ g^3]=1/\sqrt{g}$，实际上，前面已经指出，$g$ 是 g_{ij} 的行列式，即 $g=\det|g_{ij}|$ 和 $\dfrac{1}{g}=\det|g^{ij}|$。为了后面论

述梯度、散度和旋度运算的需要，现在给出克氏符号 Γ_{ij}^{j} 与 g 的一个重要关系式：由于 $\sqrt{g}=[\boldsymbol{g}_1\ \boldsymbol{g}_2\ \boldsymbol{g}_3]=(\boldsymbol{g}_1\times\boldsymbol{g}_2)\cdot\boldsymbol{g}_3$，那么 $\dfrac{\partial\sqrt{g}}{\partial x^i}$ 便是 $(\boldsymbol{g}_1\times\boldsymbol{g}_2)\cdot\boldsymbol{g}_3$ 对 x^i 的复合求导 (也就是 $\boldsymbol{g}_1$、$\boldsymbol{g}_2$ 和 $\boldsymbol{g}_3$ 分别对 x^i 求导)，由此容易可以得出如下关系：

$$\frac{\partial\sqrt{g}}{\partial x^i}\Gamma_{ij}^{j}=\Gamma_{ji}^{j}=\frac{1}{\sqrt{g}}\frac{\partial\sqrt{g}}{\partial x^i}=\frac{\partial(\ln\sqrt{g})}{\partial x^i}=\frac{1}{2}\frac{\partial(\ln g)}{\partial x^i}\tag{2-28}$$

3. 张量的对称

以二阶张量 (如应变率张量) 为例，若 $\boldsymbol{T}=T^{ij}\boldsymbol{g}_i\boldsymbol{g}_j$ 是对称张量，即指标 i 和 j 对调，张量 $\boldsymbol{T}$ 不变，$T^{ij}=T^{ji}$，那么，$\boldsymbol{T}_+=\dfrac{1}{2}\left(T^{ij}+T^{ji}\right)\boldsymbol{g}_i\boldsymbol{g}_j$ 是对称张量，而 $\boldsymbol{T}_-=\dfrac{1}{2}\left(T^{ij}-T^{ji}\right)\boldsymbol{g}_i\boldsymbol{g}_j=0$。反之，如果张量 $\boldsymbol{T}$ 是反对称的(如粘性流体中的旋转张量)，$T^{ij}=-T^{ji}$，则有 $\boldsymbol{T}_-=\dfrac{1}{2}\left(T^{ij}-T^{ji}\right)\boldsymbol{g}_i\boldsymbol{g}_j=T^{ij}\boldsymbol{g}_i\boldsymbol{g}_j$，$\boldsymbol{T}_+=\dfrac{1}{2}\left(T^{ij}+T^{ji}\right)\boldsymbol{g}_i\boldsymbol{g}_j=0$。对称张量有 6 个独立分量，反对称张量有 3 个独立分量 (因为对角线上的分量全部为零，即 $T^{ii}=-T^{ii}=0$)，二者合起来仍然有 9 个独立分量。

这样以来，任何二阶张量都可以表示成为一个对称的二阶张量和一个反对称的二阶张量之和的形式，例如：

$$\begin{aligned}\boldsymbol{T}=\boldsymbol{T}_+\boldsymbol{T}_-=&\frac{1}{2}\left(T^{ij}+T^{ji}\right)\boldsymbol{g}_i\boldsymbol{g}_j\\&+\frac{1}{2}\left(T^{ij}-T^{ji}\right)\boldsymbol{g}_i\boldsymbol{g}_j=T^{ij}\boldsymbol{g}_i\boldsymbol{g}_j\end{aligned}$$

对称和反对称张量矩阵的对角元素是与自身对称或反对称的，因此，反对称张量的对角元素一定是零元素 ($T^{ii}=-T^{ii}=0$)。由于二阶张量是为描述流体微元的应力特性提出的，因此，二阶张量的特性必然反映了粘性流体的特性。

4. 张量的导数运算

张量的运算是在矢量和矩阵运算的基础上发展起来的，继承和应用了矢量和矩阵在代数与微分运算中的许多规则，矢量是一阶张量，它的并矢就是二阶张量。二阶张量运用最广，与矢量相比，自然有一些新的特点，张量在笛卡儿坐标系，仿射坐标系和曲线坐标系中的运算各有区别，特别是曲线坐标系，由于基矢量不再是常量，矢量和张量的导数运算，增加了克氏符号引起的附加项，在梯度、散度和旋度的运算中需要考虑附加项。这里需要特别指出的是：协变导数是 Ricci 等学者定义的重要概念。协变导数是协变微分学诞生的标志，是经典微分学与协变微分学的分水岭。协变导数是梯度张量的分量，正因为是“张量分量”，所以才有“协变性”，才被称为“协变导数”。协变性在广义相对论中也具有及其重要的意义。

下面先讨论矢量，在此基础上，再介绍张量。

矢量 $\boldsymbol{V}$ 对坐标 x^j 的导数运算 (包括逆变导数和协变导数) 引起的附加项已如公式 (1-20) 所示，即 $v^i\Gamma_{ij}^k$ 或 $(-v_i\Gamma_{ij}^k)$。如果用 $\nabla_j(\ )$ 表示协变导数，$\nabla^i(\ )$ 表示逆变导数，那么，$\dfrac{\partial \boldsymbol{V}}{\partial x^j}$ 的逆变分量和协变分量，便可表示如下

$$\begin{aligned}
\frac{\partial \boldsymbol{V}}{\partial x^j} &= \left(\frac{\partial v^i}{\partial x^j} + v^k\Gamma_{kj}^i\right)\boldsymbol{g}_i = \nabla^i v^i \boldsymbol{g} \\
\frac{\partial \boldsymbol{V}}{\partial x^j} &= \left(\frac{\partial v_i}{\partial x^j} - v_k\Gamma_{ij}^k\right)\boldsymbol{g}^i = \nabla_j v_i \boldsymbol{g}^i
\end{aligned} \tag{2-29}$$

张量对坐标 x^i 的导数运算也有类似的表示式，以二阶张量 $T^{jk}\boldsymbol{g}_j\boldsymbol{g}_k$ 为例，这时需要分别计入基矢量 $\boldsymbol{g}_j$ 和 $\boldsymbol{g}_k$ 各自的附加项，比矢量复杂一些：

$$\begin{aligned}\frac{\partial \boldsymbol{T}}{\partial x^i} &= \frac{\partial T^{jk}}{\partial x^i}\boldsymbol{g}_j\boldsymbol{g}_k + T^{jk}\frac{\partial \boldsymbol{g}_j}{\partial x^i}\boldsymbol{g}_k + T^{jk}\boldsymbol{g}_j\frac{\partial \boldsymbol{g}_k}{\partial x^i} \\ &= \frac{\partial T^{jk}}{\partial x^i}\boldsymbol{g}_j\boldsymbol{g}_k + T^{jk}\underbrace{\Gamma^l_{ji}\boldsymbol{g}_l}_{\text{附加项}}\boldsymbol{g}_k + T^{jk}\boldsymbol{g}_j\underbrace{\Gamma^l_{ki}\boldsymbol{g}_l}_{\text{附加项}}\end{aligned} \tag{2-30}$$

由此可以看出：张量的每一个角标增加一个附加项 Γ，上角标时为 $(+\Gamma)$，下角标时为 $(-\Gamma)$。此处，$\nabla_j(\ )$ 和 $\nabla^i(\ )$ 就是哈密尔顿微分算符 ∇ 的逆变和协变导数分量。在曲线坐标系中，∇ 的定义与笛卡儿坐标系类似：也是一个矢量，只是基矢量不同，如下式所示：

笛卡儿坐标系：　$\nabla = \mathbf{i}\dfrac{\partial}{\partial x} + \mathbf{j}\dfrac{\partial}{\partial y} + \mathbf{k}\dfrac{\partial}{\partial z}$

曲线坐标系：　$\nabla = \boldsymbol{g}^1\dfrac{\partial}{\partial x^1} + \boldsymbol{g}^2\dfrac{\partial}{\partial x^2} + \boldsymbol{g}^3\dfrac{\partial}{\partial x^3}$

哈密尔顿微分算符 ∇ 与标量 φ、矢量 $\boldsymbol{A}$ 的运算就是我们熟悉的梯度 $\nabla\varphi$、散度 $\nabla\cdot\boldsymbol{A}$ 和旋度 $\nabla\times\boldsymbol{A}$，它们具有明确的物理意义：梯度表示标量场变化能取最大值的方向和数值，因而是矢量。散度是矢量场中包围任一点的微小体元中流入或流出的矢量流或者说是穿过无穷小曲面的矢量流通量，因而是该点位置的标量函数。而旋度则是矢量场环绕其中任一点旋转趋势的度量，也就是绕该点无穷小路径的单位面积的环流，或者是流场的涡旋，自然是矢量场。当将这些概念用于张量分析时，情况又如何呢？

这时，哈密尔顿微分算符 ∇ 在与标量、矢量或张量运算中，分为从左侧或右侧作用于标量 φ、矢量 $\boldsymbol{A}$ 或张量 $\boldsymbol{T}$，即左侧形式：$\nabla(\ ) =$

$\boldsymbol{g}^i\dfrac{\partial(\ )}{\partial x^i}$，右侧形式：$(\ )\nabla=\dfrac{\partial(\ )}{\partial x^i}\boldsymbol{g}^i$。例如，梯度运算：$\nabla_\varphi=\text{grad}\varphi=\boldsymbol{g}^i\nabla_i\varphi$，而 $\varphi\nabla=\nabla_j\varphi\boldsymbol{g}^j$，$\nabla\varphi=\varphi\nabla$，$\nabla^i\varphi=g^{ij}\nabla_j\varphi$。散度运算：$\nabla\cdot\boldsymbol{A}=\boldsymbol{A}\cdot\nabla$；常用的表示式是 $\nabla_i\cdot A^j=A^j\cdot\nabla_i=\dfrac{\partial A^j}{\partial x_i}$，$\nabla^i\cdot A_j=A_j\cdot\nabla^i=\dfrac{\partial A_j}{\partial x^i}$，由式 (2-28) 也可得得出另一种表示式：$\nabla^i\cdot A_j=A_j\cdot\nabla^i=\dfrac{\partial A_j}{\partial x^i}=\dfrac{1}{\sqrt{g}}\dfrac{\partial(\sqrt{g}A_j)}{\partial x^i}$；$\nabla_i\cdot A^j=A^j\cdot\nabla_i=\dfrac{\partial A^j}{\partial x_i}=\dfrac{1}{\sqrt{g}}\dfrac{\partial(\sqrt{g}A^j)}{\partial x_i}$。对于流场而言，散度为零时，表示质量守恒，在相对论引力场中，根据质能关系，也表示能量守恒。

旋度运算：$\nabla\times\boldsymbol{A}=-\boldsymbol{A}\times\nabla$，习惯用矩阵表示：

$$\nabla\times\boldsymbol{A}=\begin{vmatrix}\mathbf{i} & \mathbf{j} & \mathbf{k}\\ \dfrac{\partial}{\partial x^1} & \dfrac{\partial}{\partial x^2} & \dfrac{\partial}{\partial x^3}\\ A_1 & A_2 & A_3\end{vmatrix}$$

$$=\mathbf{i}\left(\frac{\partial A_3}{\partial x^2}-\frac{\partial A_2}{\partial x^3}\right)+\mathbf{j}\left(\frac{\partial A_1}{\partial x^3}-\frac{\partial A_3}{\partial x^1}\right)+\mathbf{k}\left(\frac{\partial A_2}{\partial x^1}-\frac{\partial A_1}{\partial x^2}\right)\tag{2-31}$$

矢量 $\boldsymbol{A}$ 的梯度：逆变微分：$\nabla\boldsymbol{A}=\nabla(A^i\boldsymbol{g}_i)=\boldsymbol{g}^j\nabla_j(A^i\boldsymbol{g}_i)=\nabla_jA^i\boldsymbol{g}^j\boldsymbol{g}_i=\dfrac{\partial A^i}{\partial x_j}\boldsymbol{g}^j\boldsymbol{g}_i$，相应的协变微分形式是：$\nabla\boldsymbol{A}=\nabla(A_j\boldsymbol{g}^j)=\boldsymbol{g}^i\nabla_i(A_j\boldsymbol{g}^j)=\nabla_iA_j\boldsymbol{g}^i\boldsymbol{g}^j=\dfrac{\partial A_j}{\partial x^i}\boldsymbol{g}^i\boldsymbol{g}^j$。张量的梯度 $\nabla\boldsymbol{T}$ 使阶数增高一阶，也就是说，一个二阶张量的梯度将是三阶张量，而张量的散度自然会使阶数降低一阶，如下式所示：

$$\nabla \cdot \boldsymbol{T} = \nabla_k T^{kl} \boldsymbol{g}_l = \frac{\partial T^{kl}}{\partial x_k} \boldsymbol{g}_l = \nabla_k T^k_{\cdot l} \boldsymbol{g}^l = \frac{\partial T^k_{\cdot l}}{\partial x_k} \boldsymbol{g}^l$$

拉普拉斯 (Laplace) 算子：根据定义 $\nabla^2 = \Delta = \nabla_i \nabla^i$，它作用于标量 φ 可得下式

$$\begin{aligned}\nabla^2 \varphi &= \Delta \varphi = \nabla_i (\nabla^i \varphi) = \nabla_i (g^{ij} \nabla_j \varphi) \\ &= \frac{1}{\sqrt{g}} \frac{\partial(\sqrt{g} g^{ij} \nabla_j \varphi)}{\partial x^i} = \frac{1}{\sqrt{g}} \frac{\partial(\sqrt{g} \nabla^i \varphi)}{\partial x^i} \end{aligned} \tag{2-32}$$

而作用于矢量 $\boldsymbol{A}$, 需要对同一指标求两次协变导数或逆变导数

$$\begin{aligned}\nabla^2 \boldsymbol{A} &= \nabla \cdot (\nabla \boldsymbol{A}) = \nabla \cdot \left(\frac{\partial A^i}{\partial x_j} \boldsymbol{g}_j \boldsymbol{g}_i \right) \\ &= \frac{\partial}{\partial x_j} \frac{\partial A^i}{\partial x_j} \boldsymbol{g}_i = \frac{\partial}{\partial x^j} \frac{\partial A_i}{\partial x^j} \boldsymbol{g}^i \end{aligned} \tag{2-33}$$

还可以利用度规张量对协变微分和逆变微分算子进行转换，如 $\nabla^\mu = g^{\mu\nu} \nabla_\nu$。这些结果同样适用于张量 $\boldsymbol{T}$。因此，理解和掌握了上述内容，已足够理解和处理包括张量在内的更多的微分运算，就不再详述了。读者如果需要更深入地了解这方面的有关知识，可以查阅这本小册子开列的张量专著，如文献 [15，16，24，40]。

注释：由于张量分析仍然处于发展之中，表示符号的多变、不规范也是造成学习张量的困难之一，例如，变量对坐标的微分，一般有这样一些符号：$\partial_i A \leftrightarrow \partial_{,i} A \leftrightarrow A_{,i} \rightarrow \dfrac{\partial A}{\partial x^i}$，也就是说，$\partial_i A$，$\partial_{,i} A$，$A_{,i}$ 都表示 A 对坐标 x^i 的偏微分运算 $\dfrac{\partial A}{\partial x^i}$；而 $\partial^i A \leftrightarrow \partial^{,i} A \leftrightarrow A^{,i} \rightarrow \dfrac{\partial A}{\partial x_i}$ 都表示 A 对坐标 x_i 的偏微分运算 $\dfrac{\partial A}{\partial x_i}$ (这里需要说明的是，对于协变坐标 x_i 进行微分运算时，有关系式 $\dfrac{\partial A}{\partial x_i} = g^{ik} \dfrac{\partial A}{\partial x^k}$，因此，常用

$\dfrac{\partial A}{\partial x^i}$ 代替 $\dfrac{\partial A}{\partial x_i}$)；再如 v 的逆变分量的协变导数，需要计入由克氏符号代表的附加项，通常的表示方式是：$\nabla_j v^i = \dfrac{\partial v^i}{\partial x^j} + v^k \Gamma^i_{kj}$，物理意义很清楚。可是也有几种不同的表示符号，如：$\nabla_j v^i \equiv v^i_{;j} \leftrightarrow v^i_{|j}$。这样，$\nabla_j v^i = \dfrac{\partial v^i}{\partial x^j} + v^k \Gamma^i_{kj}$ 就表示成 $v^i_{;j}$；$v^i|_j$ 或 $v^i_{|j}$。这种过于简化的表示，失去了直观明显的物理意义，还有用 $\left\{ \begin{matrix} i \\ kj \end{matrix} \right\}$ 代替具有纪念意义符号 Γ^i_{kj}，或用 $[jk, i]$ 代替 $\Gamma_{i,jk}$，学习和应用张量时，需要特别注意，尤其是要注意协变微分的符号“;”与普通微分的符号“,”之间的区别，在曲线坐标系中，协变微分增加了由 Γ^i_{kj} 或 $\Gamma_{i,jk}$ 代表的基矢量改变引起的附加项。例如，矢量 A_μ 的协变微分“;”与其普通微分“,”的关系可以表示如下

$$A_{\mu;\lambda} = \nabla_\lambda A_\mu = \frac{\partial A_\mu}{\partial x^\lambda} - \Gamma^\alpha_{\mu\lambda} A_\alpha = A_{\mu,\lambda} - \Gamma^\alpha_{\mu\lambda} A_\alpha \tag{2-34}$$

矢量 A^μ 的逆变微分也可以表示为

$$A^\mu_{;\lambda} = \nabla_\lambda A^\mu = \frac{\partial A^\mu}{\partial x^\lambda} + \Gamma^\mu_{\alpha\lambda} A^\alpha = A^\mu_{,\lambda} + \Gamma^\mu_{\alpha\lambda} A^\alpha \tag{2-35}$$

值得指出的是，张量方程包含场量时，一般就会出现克氏符号 $\Gamma^\mu_{\alpha\beta}$ 或 $\Gamma_{\alpha\beta\gamma}$，因此，张量方程中，无论是逆变矢量还是协变矢量，其微分运算必定是协变导数，以便保证张量方程在一切坐标系中成立，也就是与坐标系的选择无关。原因是什么？就是协变导数考虑了坐标的逐点变化，已经由克氏符号体现出来，从而保证在不同坐标系中张量方程形式的一致。

还有一种情况，就是将通常表示的张量，连同坐标变换一并写出来，以公式 (2-8) 为例，$T^{i'j'}=\dfrac{\partial x^{i'}}{\partial x^i}\dfrac{\partial x^{j'}}{\partial x^j}T^{ij}$，可以写成如下形式

$$T^{i'j'}=\frac{\partial x^{i'}}{\partial x^i}\frac{\partial x^{j'}}{\partial x^j}T^{ij}\leftrightarrow x^{i'}_{,i}x^{j'}_{,j}T^{ij}\leftrightarrow T^{ij}x^{i'}_{,i}x^{j'}_{,j}$$

公式 (2-9) 和式 (2-10) 的情况与此相同，不再重复。

第三讲　应用篇：场论中的张量

实际上，在这一篇里，将逐步深入地介绍张量在流体力学 (三维笛卡儿坐标系)，电磁场 (四维闵可夫斯基坐标系) 和引力场 (黎曼曲面坐标系) 中的具体应用。也就是从作用力到电磁场再到引力场的深化，体现了力 → 场 → 空间弯曲的观念转变。

那么，如何理解张量呢？可以说，它是作用力与物体之间的一种整体描述。矢量是作用于一个点的情形，只需要 3 个分矢量即可；张量是微元体受力作用时的整体描述，微元体是宏观小微观大的物理体元，至少需要 9 个分矢量描述，它们都是在笛卡儿直角坐标系的框架下的数学描述。因为，受力作用的物体处于小形变状态，如流体力学，它并不特别关注流体的形变问题，而是着重研究在压力、应力和惯性力共同作用下，流速变化时，流体状态的改变，这从流体力学的基本方程就可以看出。当然，流体微团受力作用产生形变也是局部的小形变，因此，处理流体力学问题一般应用笛卡儿坐标系中的张量分析即可。而像弹塑性形变，或者桁架、薄壳等等，在超载荷作用下的结构大形变问题，需要在曲线坐标系中进行张量分析，基矢量已不再是常量，随坐标线上的不同点而变化，因此，对张量的微分运算就要计入基矢量的变化，也就是克氏符号代表的增量。这里需要特别指出的是，学习张量，不在于掌握了多少系统的张量知识，而在于理解它能体现什么样的物理含义，是否能将一个物理思想转变为一个恰当的张量数学描述, 这是应用张量分析的关键和困难所在。虽然物理规律与坐标系的选择无关，但是，一个恰当的坐标系能使数学描述凸显研究对象的本质和特性：牛顿的经典力学 (光速 $c \approx \infty$) 符合伽利略坐标系 (参考系不含光速 c)，狭义相对论符合洛伦兹坐标系 (含光速 c, $c \neq \infty$)，而广义相对论则符合闵可夫斯基坐标系 (含光速 c 和时间 t 的联合 ct, $c \neq \infty$)，说明物理规律与坐标系的冲突 (速度矢量的合成，即加法运算的规则问题) 是孕育新发现的突破口。就连续介质力学而言，当客体受多个施加于不同点的力的作用时，它的状态由这些力的综合效果 (在坐标系中各个分量的加法或乘法运算) 来确定，状态的改变，同样由其综合效果的改变 (微分) 确定，这个综合效果的数学表示就是张量和它的微分运算，常用的是三维空间或四维空间中的二阶张量 (三维空间中的三阶张量有 27 个分量，四维空间中的三阶张量有 64 个分量，复杂性迅速增高，因此，张量表示的有效性一定要和它的复杂性作合理的平衡)，因此，张量运算是非常重要的数学工具，应当学习、理解和掌握它的基本内容。现在，张量的计算已有专用软件 Matlab 和 Mathematica 可供实际使用。

要特别指出的是，虽然物理过程是客观存在，不以坐标系的不同而改变。但是，物理过程毕竟是发生在空间时间之中，需要选择具体的坐标系进行描述，即使广义相对论，也是在黎曼弯曲空间和曲面坐标系中用张量表述的，正是这种表述采用了张量形式，在坐标变换时，物理方程的张量表示形式保持不变，这才是问题的关键所在。如其不然，任何坐标系都无存在的必要，即使简单的运动规律也就无从描述了。

到此，只要注意观察，就可以发现，张量实际上是物理量在坐标系上的分量，需要在坐标系中表达，如同梯度的分量，对于对称和反对称的张量，就是旋度在坐标系上的分量，张量本身并不包含时间作为变量。为了将光信号的作用引入坐标系，采用光行程的量纲 ct，也就是距离，这样就与坐标系中 x, y, z 的量纲一致，从数学家的角度来看，由 ct 和 x, y, z 组成一个四维空间是很自然的事。无论是牛顿的万有引力定律 (与质量有关)，还是泊松 (Poisson) 的引力势方程 (与空间物质分布的密度有关)，都与时间变量无关，因为引力常数是不变量。

要特别指出的是，由于爱因斯坦在研究广义相对论时，采用张量分析这一数学工具，成功建立了弯曲时空中的引力理论 (与空间的曲率有关)，极大地推动了张量理论的发展。但是，正如爱因斯坦所说："自从数学家入侵了相对论以来，我本人就再也不能理解相对论了" (Since the mathematicians have invaded the theory of relativity, I do not understand it myself anymore)。对于数学家，追求张量理论的严谨和完美；对于物理学家，它只是一个有效的工具，问题的关键在于能否从数学家构建的庞大工具库里找到适合的工具，并学会巧妙地使用它。这里的本质区别在于，数学家是在建立完整严密的理论之后，或许去寻找和赋予它一些直观的说明；反过来，物理学家则是有了新颖的想法和从实验中提炼出新的结果时，为了把它用数学方式加以描述和表达，才去寻求适当的数学工具 (爱因斯坦即使在数学家挚友格罗斯曼那里得知张量分析就是他梦想和孜孜以求的工具，得到悉心的帮助与合作，又从张量理论的创立者之一的勒维–齐维塔那里学张量知识，仍然学得很艰苦，但效果非常显著，在经过近八年的努力之后，他终于用张量这一数学工具建立了广义相对论)。在广义相对论中，空间坐标 x^i $(i = 1, 2, 3)$ 以及与时间 t 相关

的坐标 $x^0 = ct$ (c 为真空中的光速) 组成的四维闵可夫斯基度规张量 $\mathrm{d}s^2 = g_{ij}\mathrm{d}x^i\mathrm{d}x^j$ $(i, j = 0, 1, 2, 3)$，这是一个缩并运算，度规张量 g_{ij} 对指标 i 和 j 进行缩并，因而使得 $\mathrm{d}s$ 成为标量，是距离的度量，刻画了引力场的几何特性。同时，在基础篇已经介绍过一些与引力场有关的知识，例如，自由质点在引力场中的运动轨迹是如下的测地线或短程线 (又称作 "世界线"，如式 (1-32)、式 (1-35) 所示，也可以由 $\mathrm{d}s$ 的变分得出)

$$\frac{\mathrm{d}^2x^i}{\mathrm{d}s^2} + \Gamma^i_{kj}\frac{\mathrm{d}x^k}{\mathrm{d}s}\frac{\mathrm{d}x^j}{\mathrm{d}s} = 0 \tag{3-1}$$

式中的克氏符号 Γ^i_{kj} 可以通过度规张量 $g_{\mu\nu}$ 计算

$$\Gamma^i_{kj} = \frac{1}{2}g^{is}\left(\frac{\partial g_{js}}{\partial x^k} + \frac{\partial g_{ks}}{\partial x^j} - \frac{\partial g_{jk}}{\partial x^s}\right) \tag{3-2}$$

在此式中，令 $j = i$，就是 Γ^i_{ki} 对指标 i 的缩并：$\Gamma^i_{kj} = \frac{1}{2}g^{is}\left(\frac{\partial g_{js}}{\partial x^k} + \frac{\partial g_{ks}}{\partial x^j} - \frac{\partial g_{jk}}{\partial x^s}\right) = \frac{1}{2}g^{is}\frac{\partial g_{is}}{\partial x^k} = \frac{1}{2}gg^{-1}g^{is}\frac{\partial g_{is}}{\partial x^k}$，若用 g 表示由 g_{ij} 组成的行列式，即 $g = \det|g_{ij}|$，那么，对行列式 g 的微分，应当对相应的每一个分量 g_{is} 微分，并乘以行列式的余子式 gg^{is}，这样就可得 $\Gamma^i_{ki} = \frac{1}{2g}\frac{\partial g}{\partial x^k} = \frac{1}{2}gg^{-1}g^{is}\frac{\partial g_{is}}{\partial x^k} = \frac{\partial \ln\sqrt{-g}}{\partial x^k}$，有了这些知识，就可以学习和阅读本篇中引力场的内容，也可以进一步学习与相对论有关专业书籍，理解爱因斯坦是如何通过张量分析得到引力场的张量方程的，感受他的数学方法的简单、和谐和美的统一。

3.1　坐标系、参考系和空间

在这一节里，主要介绍张量的具体应用，读者在科研中是否用得上这些数学工具，并不重要，科学与技术的进步，总会采用一些更有效的处理方法，张量就是其中之一，学习和掌握张量的基本知识，不会成为多余的知识积累。那么，选择什么问题作为展示张量应用的对象呢？这个对象应当为更多的读者所熟悉，而不因为太过专业而喧宾夺主，使理解张量的应用产生很多困难，一个适当的对象就是牛顿的万有引力定律，我们生活在其中的三维空间，在时间的长河中尽显了万有引力的作用，从牛顿的苹果落地故事到宇宙飞船的升空，无不与引力有关，特别是爱因斯坦采用张量这个数学工具完成了广义相对论的大业，被誉为当今最美的，最富有吸引力的理论，成为简单、和谐和美的统一的典范，也是迄今为止，应用张量分析获得物理学革新发现最好的范例。

张量分析主要有三个特点，一是在坐标变换时，新旧坐标形成互逆的变换矩阵 (正交转置矩阵)，保证张量和它组成的方程具有不变性 (和对称性)，体现了物理规律的客观性，与坐标系无关；二是张量运算具有完备性、一致性和自洽性，使得张量的运算和变换能完全反映自然规律的本质，不产生歧义，因此，具有强大的预测能力；三是特别适合于多因素复杂系统 (如场论) 的整体表征，各因素与其结果具有明显的对应关系。这是采用张量分析的主要原因，至关重要，希望读者在下面的阅读中能逐步体会张量运算的这些特点。

下面从坐标系开始讨论，随着问题的进展，同时深化前几节介绍的有关内容 (几何学方面)，并做一些适当的补充和扩展 (物理学方面)。

数学领域，n 维空间是数学研究的范式，凡是数学中的空间，都应当具有度量意义 (客观性) 和可比性 (公理基础)，满足某些运算规律就是一种空间，其中，最重要的数学关系与结构是从欧几里得空间的距离和勾股定理引申而来的。例如，定义了元素之间距离的集合就是度量空间，定义了元素之间代数运算 (向量加法及数与向量乘法) 的集合就是线性空间，定义了元素与元素之间内积 (积分运算) 的线性空间则称作内积空间，定义了元素范数 (向量长度的推广) 的线性空间就是赋范空间，还有拓扑空间 (如豪斯多夫空间)，等，这些空间都是抽象空间；在物理学中，关注的是真实的空间，即由笛卡儿描述的三维空间，物理学研究实际空间中的运动规律，物质结构和相互作用的关系，尺度是其必须遵守的规则。物理学中出现的各种坐标系，只是在变换意义上应用，例如，伽利略坐标系，洛伦兹坐标系和闵可夫斯基坐标系等，它们并不超越笛卡儿空间，只是一种特殊情形，人类生活其中的三维空间是不能超越的，物理学研究有意义，是它基于笛卡儿空间，即是后来把时间与空间联系起来，将笛卡儿空间扩展成闵可夫斯基物理空间，将惯性坐标系视为洛伦兹坐标系，那也是很自然的事，因为没有空间的时间和没有时间的空间都是不存在的。

张量分析是在实际空间中不同坐标系特别是曲线坐标系中展开研究的，以下的论述是指实际空间中不同坐标系而不是各类数学的或模型的空间。记住这一点很重要，因为有关空间和时间的属性是一个远未深入研究的对象，是科学中的深层次的基础问题，也许可以说是千年难题。

牛顿力学的研究是在笛卡儿空间的伽利略变换中展开的，爱因斯坦认为物理世界主要是观察和测量，这就需要物理量在坐标系和参考坐标系之间变换时保持不变性，他是从坐标系及其变换考虑物理问题的顶级大师，无论是光速不变性，还是惯性质量与引力质量相等，甚至是引力场方程的建立，都是坐标系变换时保持协变性，也就是物理量不变性的结果，其中，电磁场方程包含光速 c，符合洛伦兹变换，相对论涉及到的主要是闵可夫斯基四维时空，张量分析和黎曼曲面几何，而张量方程正好具有爱因斯坦要求的协变性，因此，广义相对论便是在黎曼空间中展开的。

3.2 流场中的张量 ——N-S 方程

在流体力学问题中，不仅需要知道状态改变的原因 (牛顿第二定律)，更需要了解状态在时间和空间中具体的改变过程。流体的质点处于流动之中，它的空间位置每一时刻都在变化，因此，流体质点的速度是空间和时间的函数 $\boldsymbol{u} = \boldsymbol{u}(t, x, y, z)$，我们采用欧拉的“场”方法，就是研究流体形成的流场 (流体质点是全同的)；另一种方法就是拉格朗日的质点运动的“轨迹”法 (质点是可以标记的，也就是各自有不同的运动轨迹)。因此，可以选择一个直角坐标系 (O-x, y, z) 描述该流场，称作主坐标系；但是，当我们要描述流场中的某一质点时，在流体质点轨迹上的每一点，也可以建立一个局部坐标系 (O-u, v, w)，这时，流体质点上的任一方向的速度矢量均可以分解为局部坐标系的三个坐标轴 (O-u, v, w) 上的分量 u、v 和 w。但是，它们一般并不与主坐标系中的坐标轴 (O-x, y, z) 各自重合，对于主坐标系来说，就是三个独立的矢量，也就是说，局部坐标系中的三个分量 $\boldsymbol{u}$，$\boldsymbol{v}$ 和 $\boldsymbol{w}$ 在主坐标系中是三个速度矢量 (而不是分矢量)：$\boldsymbol{u} = \boldsymbol{u}(t, x, y, z)$，$\boldsymbol{v} = \boldsymbol{v}(t, x, y, z)$ 和 $\boldsymbol{w} = \boldsymbol{w}(t, x, y, z)$。它们在主坐标系中各自有三个分量，以 $\boldsymbol{u} = \boldsymbol{u}(t, x, y, z)$ 为例，它的三个分量

为 $u_x(t,x,y,z)$，$u_y(t,x,y,z)$ 和 $u_z(t,x,y,z)$；对 $\boldsymbol{u}=\boldsymbol{u}(t,x,y,z)$ 求全微分，即得下式

$$\begin{aligned}\frac{\mathrm{d}\boldsymbol{u}}{\mathrm{d}t}&=\frac{\partial\boldsymbol{u}}{\partial t}\frac{\mathrm{d}t}{\mathrm{d}t}+\frac{\partial\boldsymbol{u}}{\partial x}\frac{\mathrm{d}x}{\mathrm{d}t}+\frac{\partial\boldsymbol{u}}{\partial y}\frac{\mathrm{d}y}{\mathrm{d}t}+\frac{\partial\boldsymbol{u}}{\partial z}\frac{\mathrm{d}z}{\mathrm{d}t}\\&=\frac{\partial\boldsymbol{u}}{\partial t}+u_x\frac{\partial\boldsymbol{u}}{\partial x}+u_y\frac{\partial\boldsymbol{u}}{\partial y}+u_z\frac{\partial\boldsymbol{u}}{\partial z}\end{aligned}$$

这个全微分，用张量记法可以表示成：$\dfrac{\mathrm{D}\boldsymbol{u}}{\mathrm{D}t}=\dfrac{\partial\boldsymbol{u}}{\partial t}+u_j\dfrac{\partial\boldsymbol{u}}{\partial x_j}$，称作随体导数。矢量 $\boldsymbol{v}=\boldsymbol{v}(t,x,y,z)$ 和 $\boldsymbol{w}=\boldsymbol{w}(t,x,y,z)$ 的情况与此相同，不再重复。

实际上，张量在连续介质的流体力学以及湍流课题有关的研究中，也得到了广泛应用，不过，张量的运算是在实空间的笛卡儿坐标系中进行的，因为不可压缩流体的形变一般比较小，属于小形变，只需要笛卡儿坐标系中的张量分析 (请参考 2.3 节)。

一个流体微元 (宏观小微观大的质点集合) 如图 3.1 所示，其中标出了流体微元的应力的 9 个分量，它们组成了一个二阶张量，记为 $\sigma_{ik}(i,k=1,2,3)$，当提到流体微元切应力张量时，应当与它的 9 个分量联系起来，也就是说，σ_{ik} 表示是由 9 个分量组成的力，而不是一个简单的力矢量，对不同阶的张量都应当作这样具体的理解。

现在就来详细分析如何得到这个结果的。

首先，我们来分析引起流体运动的原因，也就是作用力。

第一种力就是由流体的粘性通过流动而表现出来的，假定流体在三维直角坐标系中有一质点 $P_0(\boldsymbol{r}_0)$，$\boldsymbol{r}_0$ 是坐标原点到 P_0 点的径向矢量，如图 3.2 所示，考虑在 $P_0(\boldsymbol{r}_0)$ 点的邻域 (或附近) 的一个质点 $P(\boldsymbol{r})$，$\boldsymbol{r}$ 是 P 点的径向矢量。这里考虑邻域，是因为粘性在流动中引

起的位移是非常微小的，因此，P 点与 P_0 点之间的距离 $\delta(\boldsymbol{r})=\boldsymbol{r}-\boldsymbol{r}_0$ 是一个小量，若 $P(\boldsymbol{r})$ 点和 $P_0(\boldsymbol{r}_0)$ 点的速度分别为 $U(\boldsymbol{r})$ 和 $U(\boldsymbol{r}_0)$，一般这二者的差值也是小量：$\delta\boldsymbol{U}=\boldsymbol{U}(\boldsymbol{r})-\boldsymbol{U}(\boldsymbol{r}_0)$。

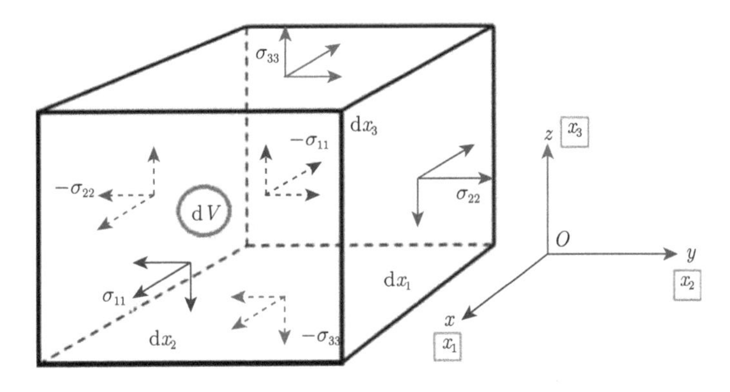

图 3.1 流体微元各个层面上的应力情况 (正压力和切向力)

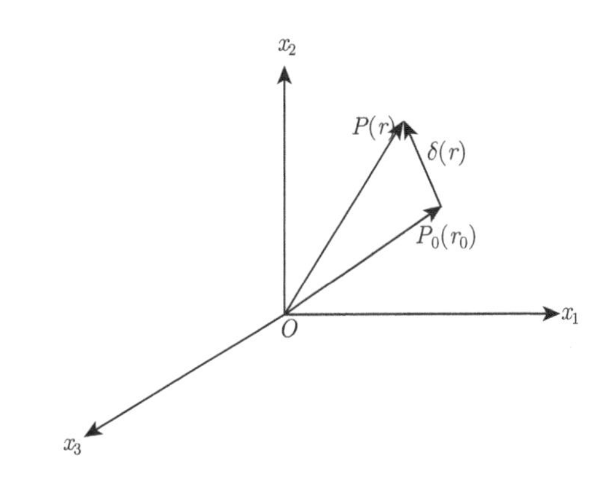

图 3.2 矢量与张量的关系

注意，它们各自有 3 个速度分量 u_i 和 u_j，当将速度分量 u_i 对 $\boldsymbol{r}_0$ 的 3 个坐标分量 (x_0,y_0,z_0) 展开为泰勒级数时，既然是邻域，取一阶小量就够了 (亥姆霍兹 (Helmhotz) 速度分解)，为方便起见，将 x_0,y_0,z_0 分别用 x_j $(j=1,2,3)$ 表示，即 $\delta\boldsymbol{U}=\left.\dfrac{\partial\boldsymbol{U}}{\partial\boldsymbol{r}_0}\right|\delta\boldsymbol{r}_0$ 或者

$\delta u_i = \left.\dfrac{\partial u_i}{\partial x_j}\right|_{P_0} \delta x_j$。对于牛顿流体而言，就是切应力与垂直于流动方向的速度梯度成线性关系，知道了该速度梯度，也就知到了切应力。

当时牛顿的实验已经证实应力 τ_{ij} (也就是流层上下极薄的层面，由于流体的粘性产生沿着流向的力与反向的力) 与速度梯度 $\partial u_i/\partial x_j$ (与流向垂直的方向上的速度差) 呈线性关系。但是，牛顿只是在图 3.3 所示的二维速度场情况下进行了实验，即验证了 τ_{ij} 在 $i = x$，$j = y$ (或 $i = 1$，$j = 2$) 时与速度梯度 $\partial u_x/\partial x_y$ (或 $\partial u_1/\partial x_2$) 的线性关系。在三维情况应力 τ_{ij} 是对称的，它要求与之相关的速度梯度 $\partial u_i/\partial x_j$ 也应当是对称的，但是速度梯度并不完全对称。在三维情况下，考虑到流动中存在形变，也存在旋转，旋转是环绕自身轴的转动，如果选择坐标系也同步旋转，则流体微团相对于坐标系静止，显然转动分量为零，对流体剪切运动没有影响。由于坐标系的选择是任意的，因此，并不改变转动部分与剪切应力无关的客观规律，这样就可以从速度梯度中分离出与形变相关的对称部分，这可以通过对速度梯度分量适当组合而实现。显然，分离和组合出对称部分之后，剩余的部分就是不对称的部分，可以预计它只与旋转流态有关。1845 年斯托克斯正是沿着这种思路完成了将牛顿实验推广到三维的研究工作。其实，亥姆霍兹的速度分解定理说的也就是同一件事，下面我们会论述这个问题。其次，速度梯度 $\boldsymbol{\nabla u}$(并矢) 的分量 $\partial u_i/\partial x_j$ 可以表示成如下矩阵

$$\frac{\partial u_i}{\partial x_j} = \begin{bmatrix} \dfrac{\partial u_1}{\partial x_1} & \dfrac{\partial u_1}{\partial x_2} & \dfrac{\partial u_1}{\partial x_3} \\ \dfrac{\partial u_2}{\partial x_1} & \dfrac{\partial u_2}{\partial x_2} & \dfrac{\partial u_2}{\partial x_3} \\ \dfrac{\partial u_3}{\partial x_1} & \dfrac{\partial u_3}{\partial x_2} & \dfrac{\partial u_3}{\partial x_3} \end{bmatrix} \tag{3-3}$$

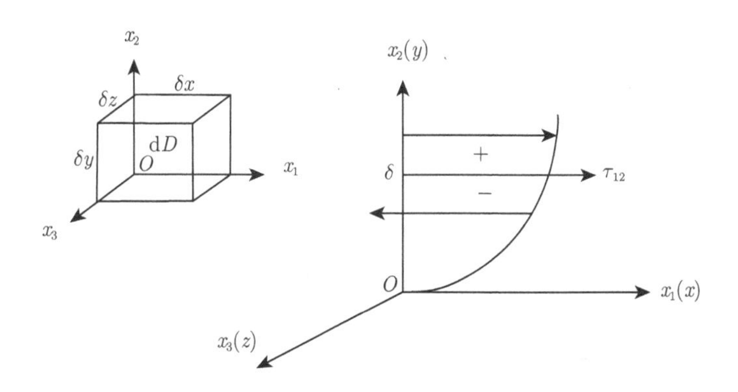

图 3.3 微元体上的切应力示意图 (注意流体的速度曲线在边界处要保持滑移条件)

图中垂直于 x_1 方向的面元 $\delta y\delta z$ 上单位面积所受的应力 $\tau_{yz} = \mu\partial u_y/\partial z$

然后，根据速度梯度分量 $\partial u_x/\partial x_y$ 的矩阵形式，可以将它分解成对称的应变率张量 S_{ij} (即 $S_{ij} = S_{ji}$) 和反对称的旋转张量 Ω_{ij}(即 $\Omega_{ij} = -\Omega_{ji}$)，这里分解的数学处理很简单，但它具有重要而明确的物理意义，就是体现了粘性使流体微团产生的变形和湍流的涡旋运动形态。令 $S_{ij} = \dfrac{1}{2}\left(\dfrac{\partial u_i}{\partial x_j} + \dfrac{\partial u_j}{\partial x_i}\right)$ 和 $\Omega_{ij} = \dfrac{1}{2}\left(\dfrac{\partial u_i}{\partial x_j} - \dfrac{\partial u_j}{\partial x_i}\right)$，显然，当 $i = j = 1,2,3$ 时，$S_{11} = \dfrac{\partial u_1}{\partial x_1}$，$S_{22} = \dfrac{\partial u_{22}}{\partial x_{22}}$ 和 $S_{33} = \dfrac{\partial u_3}{\partial x_3}$；而 $\Omega_{11} = \Omega_{22} = \Omega_{33} = 0$。由此可得

$$
\begin{aligned}
\frac{\partial u_i}{\partial x_j} &= S_{ij} + \Omega_{ij} = \frac{1}{2}\left(\frac{\partial u_i}{\partial x_j} + \frac{\partial u_j}{\partial x_i}\right) + \frac{1}{2}\left(\frac{\partial u_i}{\partial x_j} - \frac{\partial u_j}{\partial x_i}\right) \\
&= \underbrace{\begin{bmatrix}
\dfrac{\partial u_1}{\partial x_1} & \dfrac{1}{2}\left(\dfrac{\partial u_1}{\partial x_2} + \dfrac{\partial u_2}{\partial x_1}\right) & \dfrac{1}{2}\left(\dfrac{\partial u_1}{\partial x_3} + \dfrac{\partial u_3}{\partial x_1}\right) \\
\dfrac{1}{2}\left(\dfrac{\partial u_2}{\partial x_1} + \dfrac{\partial u_1}{\partial x_2}\right) & \dfrac{\partial u_2}{\partial x_2} & \dfrac{1}{2}\left(\dfrac{\partial u_2}{\partial x_3} + \dfrac{\partial u_3}{\partial x_2}\right) \\
\dfrac{1}{2}\left(\dfrac{\partial u_3}{\partial x_1} + \dfrac{\partial u_1}{\partial x_3}\right) & \dfrac{1}{2}\left(\dfrac{\partial u_3}{\partial x_2} + \dfrac{\partial u_2}{\partial x_3}\right) & \dfrac{\partial u_3}{\partial x_3}
\end{bmatrix}}_{S_{ij}}
\end{aligned}
$$

$$=\begin{bmatrix}\dfrac{\partial u_1}{\partial x_1} & \dfrac{\partial u_1}{\partial x_2} & \dfrac{\partial u_1}{\partial x_3}\\ \dfrac{\partial u_2}{\partial x_1} & \dfrac{\partial u_2}{\partial x_2} & \dfrac{\partial u_2}{\partial x_3}\\ \dfrac{\partial u_3}{\partial x_1} & \dfrac{\partial u_3}{\partial x_2} & \dfrac{\partial u_3}{\partial x_3}\end{bmatrix} \tag{3-4}$$

显然，S_{ij} 是对称的二阶张量，Ω_{ij} 则是反对称的二阶张量。利用速度梯度 $\boldsymbol{\nabla u}$ (并矢) 的表示式 (3-1)，S_{ij} 也可以表示为 $S_{ij}=\dfrac{1}{2}(\nabla_i u_j+\nabla_j u_i)$，$\Omega_{ij}$ 也可以表示为 $\Omega_{ij}=\dfrac{1}{2}(\nabla_i u_j-\nabla_j u_i)$。

根据牛顿第二定律 $F=ma$ 或引入单位质量力的概念，则有 $F/m=a$，它使数学处理更为简单，在湍流研究中经常采用这样的表述方式。

前面通过随体导数 $\dfrac{\mathrm{D}}{\mathrm{D}t}=\dfrac{\partial}{\partial t}+u_j\dfrac{\partial}{\partial x_j}$，已经获得了流体质点在时空中的加速度 a 的表示式，它由速度的局地变化和迁移变化两部分组成，如图 3.4 所示。

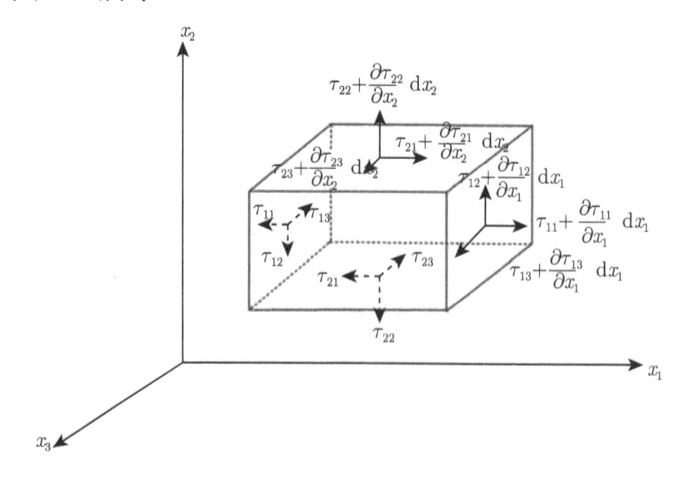

图 3.4　微元体上下与左右层面上的应力

前后层面的应力没有画出

现在要做的是确定产生加速度 a 的力的表达式，也就是 σ 的表示式。

前面已经得出 $\delta u_i = \left.\dfrac{\partial u_i}{\partial x_j}\right|_{P_0} \delta x_j$，将 S_{ij} 和 Ω_{ij} 代入，则有 $\delta u_i = S_{ij}\delta x_j + \Omega_{ij}\delta x_j$，可知 $P_0(\boldsymbol{r}_0)$ 点邻域的速度的变化由两部分组成：应变率张量 S_{ij} 和旋转张量 Ω_{ij}。首先分析应变率张量 S_{ij} 的物理意义，其次，说明旋转张量 Ω_{ij} 的力学作用。

1. **应变率张量 S_{ij} 的物理意义**

在流体所在空间中取任一线段 δl(流线)，例如图 3.2 中的 P_0 点和 P 点之间的距离 δr，它在主坐标系中的分量记为 δx_i，$(\delta r)^2 = \delta x_i \delta x_i$，对 $(\delta r)^2$ 作求导运算 (注意下面的推导运用了应变率张量的对称性)

$$\begin{aligned}
\frac{\mathrm{D}(\delta r)^2}{\mathrm{D}t} &= 2\delta x_i \frac{\mathrm{D}(\delta x_i)}{\mathrm{D}t} = 2\delta x_i \delta u_i \\
&= 2\delta x_i \delta x_j \frac{\partial u_i}{\partial x_j} = \delta x_i \delta x_j \left(\frac{\partial u_i}{\partial x_j} + \frac{\partial u_j}{\partial x_i}\right) \\
2\delta x_i \frac{\mathrm{D}(\delta x_i)}{\mathrm{D}t} &= \delta x_i \delta x_j \left(\frac{\partial u_i}{\partial x_j} + \frac{\partial u_j}{\partial x_i}\right) \\
\frac{1}{\delta x_i}\frac{\mathrm{D}(\delta x_i)}{\mathrm{D}t} &= \frac{1}{2}\left(\frac{\partial u_i}{\partial x_j} + \frac{\partial u_j}{\partial x_i}\right)
\end{aligned}$$

如果设 δr 与 x_1 轴平行，则有 $\dfrac{1}{\delta x_1}\dfrac{\mathrm{D}(\delta x_1)}{\mathrm{D}t} = \dfrac{1}{2}\left(\dfrac{\partial u_1}{\partial x_1} + \dfrac{\partial u_1}{\partial x_1}\right) = S_{11}$, 类似地，可得

$$\frac{1}{\delta x_2}\frac{\mathrm{D}(\delta x_2)}{\mathrm{D}t} = \frac{1}{2}\left(\frac{\partial u_2}{\partial x_2} + \frac{\partial u_2}{\partial x_2}\right) = S_{22}$$

$$\frac{1}{\delta x_3}\frac{\mathrm{D}(\delta x_3)}{\mathrm{D}t} = \frac{1}{2}\left(\frac{\partial u_3}{\partial x_3} + \frac{\partial u_3}{\partial x_3}\right) = S_{33}$$

这就表示线段 δl (在本例中就是图 3.2 中的 P_0 点和 P 点之间的距离 δr) 在主坐标系的三个轴上长度的相对变化，它可以由对角线上的变形率张量 S_{11}，S_{22}，S_{33} 来度量。进一步考虑体积的相对变化率，为此，取流体微团为一正方体，使其互相垂直的各边平行于主坐标轴 x, y, z，它的体积 $\delta v = \delta x_1 \delta x_2 \delta x_3$，对 δv 求导并除以 δv 得其体积的相对变化率

$$
\begin{aligned}
\frac{1}{\delta v}\frac{\mathrm{D}(\delta v)}{\mathrm{D}t} &= \frac{\delta u_1}{\delta x_1} + \frac{\delta u_2}{\delta x_2} + \frac{\delta u_3}{\delta x_3} \\
&= \frac{\partial u_1}{\partial x_1} + \frac{\partial u_2}{\partial x_2} + \frac{\partial u_3}{\partial x_3} \\
&= S_{11} + S_{22} + S_{33} \\
&= \nabla \cdot \boldsymbol{u} = \frac{\partial u_i}{\partial x_i}
\end{aligned} \tag{3-5}
$$

可见应变率张量的对角线上的分量之和就是微元体积的相对变化率，也就是该体积元中与主坐标系的坐标轴垂直的各个面上的正压力，用散度运算表示：$\mathrm{div}\boldsymbol{u} = \nabla \cdot \boldsymbol{u}$。

2. **旋转张量 $\varOmega_{ij}$ 的物理意义**

将 $\varOmega_{ij}$ 的矩阵表示式改写为下式

$$
\varOmega_{ij} = \begin{bmatrix}
0 & -\frac{1}{2}\left(\frac{\partial u_2}{\partial x_1} - \frac{\partial u_1}{\partial x_2}\right) & -\frac{1}{2}\left(\frac{\partial u_3}{\partial x_1} - \frac{\partial u_1}{\partial x_3}\right) \\
\frac{1}{2}\left(\frac{\partial u_2}{\partial x_1} - \frac{\partial u_1}{\partial x_2}\right) & 0 & -\frac{1}{2}\left(\frac{\partial u_3}{\partial x_2} - \frac{\partial u_2}{\partial x_3}\right) \\
\frac{1}{2}\left(\frac{\partial u_3}{\partial x_1} - \frac{\partial u_1}{\partial x_3}\right) & \frac{1}{2}\left(\frac{\partial u_3}{\partial x_2} - \frac{\partial u_2}{\partial x_3}\right) & 0
\end{bmatrix}
$$

不难看出$\varOmega_{ij}$是一个反对称二阶张量，对角线上的分量必定为零($\omega_{11} =$

$\omega_{22}=\omega_{33}=0$)，它只有 3 个独立分量：

$$\omega_1=\frac{1}{2}\left(\frac{\partial u_3}{\partial x_2}-\frac{\partial u_2}{\partial x_3}\right)$$

$$\omega_2=\frac{1}{2}\left(\frac{\partial u_3}{\partial x_1}-\frac{\partial u_1}{\partial x_3}\right)$$

$$\omega_3=\frac{1}{2}\left(\frac{\partial u_2}{\partial x_1}-\frac{\partial u_1}{\partial x_2}\right)$$

若 u,x,ω 的下角标分别标记为 i,j,k，即 u_i，x_j，$\omega_k(i,j,k=1,2,3)$，那么，就可以用称之为“替换符号”的 ε_{ijk} 将 $\varOmega_{ij}$ 表示成涡量 ω_k：$\omega_k=\frac{1}{2}\left(\frac{\partial u_j}{\partial x_i}-\frac{\partial u_i}{\partial x_j}\right)$，$\varOmega_{ij}=\varepsilon_{ijk}\omega_k$。$\varepsilon_{ijk}$ 的取值 $(0,1,-1)$ 规则已如式 (2-14) 和图 2.10 中的说明。

3. 单位质量应力的概念

我们可以这样来理解流体流动时流体微元上的受力情况，处于流动空间任意位置的流体微元的任一方向的面元，它的两面都会受到切应力的作用，为明了起见，设来流方向为 x，面元为 $\delta x\delta z$，面元上下的方向为 y，考虑在厚度为 δy 的流体微元上所受的净切应力 (见图 3.3)

$$\begin{aligned}\varsigma_{ij}&=\mu\frac{\partial u_x}{\partial y}\delta x\delta z\bigg|_{y+\delta y}-\mu\frac{\partial u_x}{\partial y}\delta x\delta z\bigg|_{y}\\&=\frac{\partial}{\partial y}\left(\mu\frac{\partial u_x}{\partial y}\right)\delta x\delta y\delta z\\&=\mu\frac{\partial^2 u_x}{\partial y^2}\delta x\delta y\delta z\end{aligned}\tag{3-6}$$

那么，单位体积所受的力就是

$$\zeta_{ij} = \frac{\varsigma_{ij}}{\delta x \delta y \delta z} = \mu \frac{\partial^2 u_x}{\partial y^2} \tag{3-7}$$

根据牛顿粘性流体定理，沿着 x 方向作用在垂直于 y 方向的面元 $\delta x \delta z$ 上单位面积所受的应力便是 $\tau_{xy} = \mu \dfrac{\partial u_x}{\partial y}$ (见图 3.3)，如果考虑面元的各种方向，τ_{xy} 的表示式便可写成

$$\tau_{ij} = \mu \frac{\partial u_i}{\partial x_j} \tag{3-8}$$

那么，施加于流体微元上的密度应力 ζ_{ij} 或者 ς_{ij} 便是

$$\zeta_{ij} = \frac{\partial \tau_{ij}}{\partial x_j} = \mu \frac{\partial^2 u_i}{\partial x_j^2} \quad 或者 \quad \zeta = \mu \nabla^2 u \tag{3-9}$$

对于压力，也仿照上述的处理方法，因为压力沿着流动方向逐步减小，考虑 δx 距离两端的压力差，设来流方向为 x，压力 p 垂直作用于面元 $\delta y \delta z$ 上 (图 3.3)，δx 两端的压力差可以表示如下：

$$\begin{aligned} P_x &= p_{x+\delta x} \delta y \delta z - p_x \delta y \delta z \\ &= -\left(\frac{\partial p}{\partial x} \delta x \right) \delta y \delta z \\ &= -\frac{\partial p}{\partial x} \delta x \delta y \delta z \end{aligned}$$

注意沿流向压力是减小的，因此，这个单位体积的压力 $P_x = -\dfrac{\partial p}{\partial x}$ 是正值。推广到一般情况，单位体积的压力是 $P = -\nabla p$, 它是一种使流体流动的“位势”(压力 p 的势场)。到此，综合上述各种作用力，即：单位体积的应力 $\zeta = \mu \nabla^2 u$、单位体积的压力 p，再考虑到重力等外力 F，就可以得出具有粘性的牛顿流体的 N-S (Navier-Stokes) 方程：

若单位流体的速度是 $\boldsymbol{u}$，其加速度 $\boldsymbol{a}=\dfrac{\mathrm{D}\boldsymbol{u}}{\mathrm{D}t}$ 可表示如下

$$\frac{\partial \boldsymbol{u}}{\partial t}+\boldsymbol{u}\nabla\boldsymbol{u}=-\frac{1}{\rho}\nabla p+\frac{\mu}{\rho}\nabla^2\boldsymbol{u}+\boldsymbol{F} \tag{3-10}$$

或

$$\rho\frac{\mathrm{D}\boldsymbol{u}}{\mathrm{D}t}=-\nabla p+\mu\nabla^2\boldsymbol{u}+\boldsymbol{F} \tag{3-11}$$

这样，我们就得到在湍流问题研究中通常习用的分量的张量表示式(注意记住求和约定)：

$$\frac{\partial u_i}{\partial t}+u_j\frac{\partial u_i}{\partial x_j}=-\frac{1}{\rho}\frac{\partial p}{\partial x_i}+\frac{\mu}{\rho}\frac{\partial^2 u_i}{\partial x_j\partial x_j}+F_x \tag{3-12}$$

3.3 电磁场中的张量 —— 麦克斯韦方程

当前，把电磁学看成连续介质力学来研究，即使在广义相对论中也是很自然的情形，因为连续介质力学中的宏观应力的形成也和电磁力的作用有关 (如等离子流体和天体物理学)。其次，从对力的认识过程来看，力学着重实体之间相互作用的力，而电磁场则看重场的作用，也就是动量和能量，在广义相对论中，引力不是看成外部的力，而是时空结构的一部分；从运算的角度，对力进行微分运算也是很难实施的，能量和动量则不然，可以施加微分、积分、张量等运算。这里，我们并不是讨论电磁场问题，而是介绍张量在电磁场数学表述中的应用，有关电磁场的基本知识已经在普通物理学课程中学过了，即使这样，在下面的讨论中，涉及到电磁场的内容时，仍然补充了必要的说明，使读者容易对基本问题的理解。

电磁场的全部知识都包括在麦克斯韦 (J. C. Maxwell) 电磁场方程中 (最初是 20 个微分方程，后经赫兹 (H. R. Hertz) 和海维赛德 (O. Heaviside) 研究，发现方程组具有对称性，因此可以简化为 4 个矢量方程)，用矢量分析就可以解释清楚，在这里为什么还要采用张量分析呢？岂不是把问题复杂化了吗？

要回答这个问题，最好的办法就是先看一看或者浏览一下麦克斯韦电磁场方程，就是电场强度 $\boldsymbol{E}$，磁场强度 $\boldsymbol{H}$ (或磁感应强度 $\boldsymbol{B}=\mu\boldsymbol{H}$) 的动力学方程组，如下式的对称表示

$$\left.\begin{aligned}&\nabla\times\boldsymbol{E}=-\frac{1}{c}\frac{\partial\boldsymbol{H}}{\partial t}\\&\nabla\times\boldsymbol{H}=\frac{1}{c}\frac{\partial\boldsymbol{E}}{\partial t}+\frac{4\pi}{c}\boldsymbol{j}\\&\nabla\cdot\boldsymbol{E}=4\pi\rho\\&\nabla\cdot\boldsymbol{H}=0\end{aligned}\right\}\tag{3-13}$$

在这组方程中的第一个和第二个方程均包含常数 c，就是光速。1864 年，麦克斯韦已经确定它的数值是 $c=\dfrac{1}{\sqrt{\mu_0\varepsilon_0}}=3\times10^{10}\text{cm/s}$，$\mu_0$ 真空导磁率，ε_0 真空介电常数。这是非常重大的科学发现，麦克斯韦提出两个方向的重要问题，一是确定存在电磁波，也就是光波，按照量纲分析给出了光波的传播速度和依据的公式，已如上述；二是提出光的传播需要介质，就是以太作为光波的载体 (最早是由荷兰物理学家惠更斯 (Christiaan Huygens) 提出)，这是沿着经典力学的思路提出的。遗憾的是，当时一些著名的物理学家像洛伦兹 (H. A. Lorentz)、庞加莱 (H. Poincare) 等并没有仔细分析和研究光速 c 所蕴含的深刻意义，而是将重点放在研究以太的性质和确定它的存在并测量它的

特性上。只有年轻的爱因斯坦选择了研究光速，并深刻地思索它的物理意义，还与他设想的追光思想实验进行比较，它本身是由 μ_0(真空导磁率) 和 ε_0(真空介电常数) 共同确定的一个常数，不难看出，它显然与坐标系无关，光速 c 不是矢量，没有方向，它和光源的运动无关，不存在与地球运动同方向和不同方向时出现速度差异，反映了时间和空间均匀的属性，其实沃格特 (W. Voigt) 在 1877 年，菲茨杰拉德 (Fitzgerald) 在 1888 年已经给出了与后来洛伦兹变换以及爱因斯坦光速不变相似的研究结果。即使在当时，从日常生活经验也已经知道，光的全向传播的客观事实。

著名物理学家们与爱因斯坦各自沿着不同的思路开始了探索。光在宇宙空间无处不在，因此，如果把光速看成是自然界的一个普适常数，就可以认定光速的不变性，爱因斯坦正像洛伦兹抱怨的那样，他根本不在意洛伦兹等人提出的长度收缩的研究结果，接受了麦克斯韦关于光是一种电磁波的理论，从而直截了当地假定在任何惯性系中光速不变，狭义相对论由此诞生，还直接否定了由麦克斯韦提出的以太介质是光传播的载体的假说。由于麦克斯韦方程包含光速 c，因此很自然地满足洛伦兹坐标变换，在闵可夫斯基时空中，事件 (空间的同一个坐标点) 的同时性得到清晰的说明，因此，必须采用张量描述时空坐标系中的物理过程也就尤显重要。

其实，将时间引入笛卡儿坐标系在数学上并不困难，根据量纲分析可知，光速 c 和时间 t 的乘积 ct 是光程，就是长度，这与笛卡儿坐标系在度量上完全一致，光速虽然是一个很大的数值，但是，就目前对空间的看法是：空间没有边界，二者在尺度的范围和数量级上也是相当的。当时间与空间结合在一起成为闵可夫斯基空间时，研究电磁场在其中的特性很自然地成为一种必然的趋势，也是科学发展的体现，期待会有一些新的发现，而张量分析就是一种恰当的数学工具。

在闵可夫斯基时空中，度量仍然采用线元长度的平方来定义 (也有用右边空间坐标为正值，时间坐标为负值来定义度量的, 这是因为时间坐标是用 $ic(\mathrm{d}t)$ 给定的，它的平方就是 $-c^2(\mathrm{d}t)^2$)

$$\mathrm{d}s^2 = -(\mathrm{d}x^1)^2 - (\mathrm{d}x^2)^2 - (\mathrm{d}x^3)^2 + c^2(\mathrm{d}t)^2 = g_{ik}\mathrm{d}x^i\mathrm{d}x^k \tag{3-14}$$

$\mathrm{d}s^2$ 之值可以为正 ($\mathrm{d}s$ 为实数)、负 ($\mathrm{d}s$ 为虚数) 或零，分别称作类时矢量、类空矢量或类光矢量。顺便说明，时间变量用运动时钟测量，称作固有时，在类时情况下，用 $\mathrm{d}s$ 表示，称作原时；在类光和类空情况下，用 $\mathrm{d}\tau$ 表示，以区别静止时钟的测时 $\mathrm{d}t$)。由式 (3-14) 可得 g_{ik} 之值为如下矩阵所示

$$[g_{ik}] = \begin{bmatrix} -1 & 0 & 0 & 0 \\ 0 & -1 & 0 & 0 \\ 0 & 0 & -1 & 0 \\ 0 & 0 & 0 & c^2 \end{bmatrix}$$

$$\text{或} \quad [g^{ik}] = \begin{bmatrix} -1 & 0 & 0 & 0 \\ 0 & -1 & 0 & 0 \\ 0 & 0 & -1 & 0 \\ 0 & 0 & 0 & 1/c^2 \end{bmatrix} \tag{3-15}$$

现在，根据前面提到的观点：力学着重实体之间相互作用的力，而电磁场则看重场的作用，如何实现这种转变呢？洛伦兹已经确定了

电磁场中施加于电荷 q 的作用力可以用电场强度 $\boldsymbol{E}$、磁场强度 $\boldsymbol{H}$ 或磁感应强度 $\boldsymbol{B}$ ($\boldsymbol{B}=\mu\boldsymbol{H}$) 表示，即 $\boldsymbol{F}=\boldsymbol{q}(\boldsymbol{E}+\frac{\boldsymbol{v}}{c}\times\boldsymbol{B})$，显然，要想用场的相互作用代替力的作用，那就必须将洛伦兹力 $\boldsymbol{F}$ 中的 $\boldsymbol{E}$ 和 $\boldsymbol{B}$ 用其他物理量替换，实际上情况也正是如此，矢量势 $\boldsymbol{A}$ 和标量势 φ 起到了这种作用 (例如规范变换)。当然，我们在这里无意深入讨论矢量势 $\boldsymbol{A}$ 和标量势 φ 具体的作用，而是借助于这两个物理量能够比较容易将张量表示引入电磁场。

令 $A_0=\varphi$，则有 $A_i=(A_0,\boldsymbol{A})=(\varphi,\boldsymbol{A})$ 是四维矢量，$\boldsymbol{A}=A_i\boldsymbol{e}^i$ 是笛卡儿三维空间的矢量，因为引入的矢量势 $\boldsymbol{A}$ 与磁感应强度 $\boldsymbol{B}$ 存在关系：$\boldsymbol{B}=\boldsymbol{\nabla}\times\boldsymbol{A}$，已知

$$\begin{aligned}\boldsymbol{B}=\boldsymbol{\nabla}\times\boldsymbol{A}&=\begin{vmatrix}\mathbf{i}&\mathbf{j}&\mathbf{k}\\ \dfrac{\partial}{\partial x^1}&\dfrac{\partial}{\partial x^2}&\dfrac{\partial}{\partial x^3}\\ A_1&A_2&A_3\end{vmatrix}\\&=\mathbf{i}\left(\frac{\partial A_3}{\partial x^2}-\frac{\partial A_2}{\partial x^3}\right)+\mathbf{j}\left(\frac{\partial A_1}{\partial x^3}-\frac{\partial A_3}{\partial x^1}\right)\\&\quad+\mathbf{k}\left(\frac{\partial A_2}{\partial x^1}-\frac{\partial A_1}{\partial x^2}\right)\\&=\mathbf{i}B_x+\mathbf{j}B_y+\mathbf{k}B_z\end{aligned}\tag{3-16}$$

这是我们熟悉的表示式，受此启发，就可以引入四维电磁场张量 $\boldsymbol{F}=F_{ik}\boldsymbol{e}^i\boldsymbol{e}^k$，并将它定义如下

$$F_{ik}=\frac{\partial A_k}{\partial x^i}-\frac{\partial A_i}{\partial x^k}\tag{3-17}$$

也就是我们已经很熟悉的协变微分形式：$F_{ik}=\nabla_iA_k-\nabla_kA_i$ (见式

(3-4))：

$$\nabla_i = \frac{\partial}{\partial t} - \frac{\partial}{\partial x^1} - \frac{\partial}{\partial x^2} - \frac{\partial}{\partial x^3}$$

$$\text{或}\quad \nabla^i = \frac{\partial}{\partial t} - \frac{\partial}{\partial x_1} - \frac{\partial}{\partial x_2} - \frac{\partial}{\partial x_3}$$

容易看出 F_{ik} 是反对称张量：$F_{ik} = -F_{ki}$，将 $A_i = (A_0, \boldsymbol{A}) = (\varphi, \boldsymbol{A})$ 的值代入上式，可得

$$\left.\begin{aligned} F_{32} &= \left(\frac{\partial A_3}{\partial x^2} - \frac{\partial A_2}{\partial x^3}\right) = B_x = B_1 \\ F_{13} &= \left(\frac{\partial A_1}{\partial x^3} - \frac{\partial A_3}{\partial x^1}\right) = B_y = B_2 \\ F_{21} &= \left(\frac{\partial A_2}{\partial x^1} - \frac{\partial A_1}{\partial x^2}\right) = B_z = B_3 \end{aligned}\right\} \tag{3-18}$$

而和时间 t 有关的是电场强度的各分量，由下式确定

$$\begin{aligned} F_{tx} &= F_{01} = \frac{\partial A_t}{\partial x} + \frac{\partial A_x}{\partial t} = \frac{\partial A_0}{\partial x^1} + \frac{\partial A_1}{\partial x^0} \\ &= \frac{\partial \varphi}{\partial x^1} + \frac{\partial A_1}{\partial x^0} = -E_x = -E_1 \end{aligned} \tag{3-19}$$

$$\begin{aligned} F_{ty} &= F_{02} = \frac{\partial A_t}{\partial y} + \frac{\partial A_y}{\partial t} = \frac{\partial A_0}{\partial x^2} + \frac{\partial A_2}{\partial x^0} \\ &= \frac{\partial \varphi}{\partial x^2} + \frac{\partial A_2}{\partial x^0} = -E_y = -E_2 \end{aligned} \tag{3-20}$$

$$\begin{aligned} F_{tz} &= F_{03} = \frac{\partial A_t}{\partial z} + \frac{\partial A_z}{\partial t} = \frac{\partial A_0}{\partial x^3} + \frac{\partial A_3}{\partial x^0} \\ &= \frac{\partial \varphi}{\partial x^3} + \frac{\partial A_3}{\partial x^0} = -E_z = -E_3 \end{aligned} \tag{3-21}$$

这样，四维张量的分量与电场强度 $\boldsymbol{E}$、磁感应强度 $\boldsymbol{B}$ (或磁场强度 $\boldsymbol{H}$) 的分量之间的对应关系已经全部确定，如下所示

$$F_{ik}\begin{cases}F_{ik}=-F_{ki}, \quad F_{ii}=0\\ F_{12}=-B_3, \quad F_{21}=B_3; \quad F_{10}=E_1, \quad F_{01}=-E_1\\ F_{23}=-B_1, \quad F_{32}=B_1; \quad F_{20}=E_2, \quad F_{02}=-E_2\\ F_{31}=-B_2, \quad F_{13}=B_2; \quad F_{30}=E_3, \quad F_{03}=-E_3\end{cases} \tag{3-22}$$

i 是行数，k 是列数，用电场强度 $\boldsymbol{E}$、磁感应强度 $\boldsymbol{B}$ 表示的电磁场张量 F_{ik} 的 16 个分量，由于 $F_{ik}=-F_{ki}$ 和 $F_{ii}=0$，因此，F_{ik} 仅有 6 个独立分量，相应的矩阵表示式如下

$$\begin{aligned}F_{ik}&=\begin{bmatrix}0 & F_{12} & F_{13} & F_{14}\\ F_{21} & 0 & F_{23} & F_{24}\\ F_{31} & F_{32} & 0 & F_{34}\\ F_{41} & F_{42} & F_{43} & 0\end{bmatrix}\\ &=\begin{bmatrix}0 & -E_1 & -E_2 & -E_3\\ E_1 & 0 & -B_3 & B_2\\ E_2 & B_3 & 0 & -B_1\\ E_3 & -B_2 & B_1 & 0\end{bmatrix}\end{aligned} \tag{3-23}$$

也可以用电场强度 $\boldsymbol{E}$、磁场强度 $\boldsymbol{H}$ 表示，它们与 F_{ik} 各分量的对应关系按如下方式确定

$$\begin{gathered}E_\alpha=F_{0\alpha}, \quad \alpha=1,2,3\\ -H^1=F_{23}, \quad -H^2=F_{31}, \quad -H^3=F_{12}\end{gathered} \tag{3-24}$$

$$F_{ik}=\begin{bmatrix}0 & F_{01} & F_{02} & F_{03}\\ F_{10} & 0 & F_{12} & F_{13}\\ F_{20} & F_{21} & 0 & F_{23}\\ F_{30} & F_{31} & F_{32} & 0\end{bmatrix}$$

$$
= \begin{bmatrix} 0 & E_x & E_y & E_z \\ -E_x & 0 & -H_z & H_y \\ -E_y & H_z & 0 & -H_x \\ -E_z & -H_y & H_x & 0 \end{bmatrix} \tag{3-25}
$$

以及

$$
F^{ik} = \begin{bmatrix} 0 & -E_x & -E_y & -E_z \\ E_x & 0 & -H_z & H_y \\ E_y & H_z & 0 & -H_x \\ E_z & -H_y & H_x & 0 \end{bmatrix} \tag{3-26}
$$

这里要特别注意的是上下角标，通常四维张量的角标 $i, k = 1, 2, 3, 4$，和矩阵表示的习惯一致，如下式所示

$$
F_{ik} = \begin{bmatrix} 0 & F_{12} & F_{13} & F_{14} \\ F_{21} & 0 & F_{23} & F_{24} \\ F_{31} & F_{32} & 0 & F_{34} \\ F_{41} & F_{42} & F_{43} & 0 \end{bmatrix} \tag{3-27}
$$

但是，在闵可夫斯基空间 $\mathbb{R}^{1+3}$ (或 $\mathbb{R}^4_{1+3}$ 或 $\mathbb{R}^4_1$) 中，习惯于单独显示笛卡儿三维空间，这时，三维空间使用希腊字母 α, β 或 μ, ν 等表示，取值是 $1, 2, 3$ (也有文献中 α, β 或 μ, ν 等取值是 0, 1, 2, 3；而 i, j 取值是 1, 2, 3)，时间 ct 采用 00 表示，因此，对于 F_{ik} 的矩阵行列的起始行列，就有 00 (角标 $i, k = 0, 1, 2, 3$) 或 11 (角标 $i, k = 1, 2, 3, 4$) 两种表示，分别如式 (3-23) 和式 (3-25) 所示，不过，前一种表示比较常用。

如果考虑到光速 c 和时间 t 的乘积 ct 的坐标，计入度规张量 g_{ik}

的作用，F_{ik} 还可以表示成如下的矩阵形式

$$F_{ik}=\begin{bmatrix}0 & F_{12} & F_{13} & F_{14}\\ F_{21} & 0 & F_{23} & F_{24}\\ F_{31} & F_{32} & 0 & F_{34}\\ F_{41} & F_{42} & F_{43} & 0\end{bmatrix}$$

$$=\begin{bmatrix}0 & \sqrt{g}H^3 & -\sqrt{g}H^2 & E_1\\ -\sqrt{g}H^3 & 0 & \sqrt{g}H^1 & E_2\\ \sqrt{g}H^2 & -\sqrt{g}H^1 & 0 & E_3\\ -E_1 & -E_2 & -E_3 & 0\end{bmatrix} \tag{3-28}$$

注意到 $g=\det|g_{\alpha\beta}|$, $[g_{ik}]$ 和 $\left[g^{ik}\right]$(见式 (3-15))，$F^{ik}(F^{ik}=F_{lm}g^{li}g^{mk})$ 和 F_{ik} 就可以分别表示如下：

$$F^{ik}=\begin{bmatrix}0 & F_{12} & F_{13} & F_{14}\\ F_{21} & 0 & F_{23} & F_{24}\\ F_{31} & F_{32} & 0 & F_{34}\\ F_{41} & F_{42} & F_{43} & 0\end{bmatrix}$$

$$=\begin{bmatrix}0 & H_3 & -H_2 & -E^1/c\\ -H_3 & 0 & H_1 & -E^2/c\\ H_2 & -H_1 & 0 & -E^3/c\\ E^1/c & E^2/c & E^3/c & 0\end{bmatrix} \tag{3-29}$$

$$F_{ik}=\begin{bmatrix}0 & H^3 & -H^2 & cE_1\\ -H^3 & 0 & H^1 & cE_2\\ H^2 & -H^1 & 0 & cE_3\\ -cE_1 & -cE_2 & -cE_3 & 0\end{bmatrix} \tag{3-30}$$

有了这些结果，就可以将麦克斯韦方程组 (旋度的 3 个微分方程和散度的 1 个微分方程) 进行简化。

由于电磁波是横波，电场强度 $\boldsymbol{E}$、磁场强度 $\boldsymbol{H}$ 和传播方向这三者彼此互相垂直，也就是说，在笛卡儿坐标系中，如果电磁波传播方向设为 x 轴方向，那么，磁场沿着 x 轴传播时的变化 $\left(-\frac{1}{c}\frac{\partial \boldsymbol{H}}{\partial t}\right)$，只和电场强度 $\boldsymbol{E}$ 的 y 轴分量 E_y 的变化 $\frac{\partial E_y}{\partial y}$，以及 z 轴分量 E_z 的变化 $\frac{\partial E_z}{\partial z}$ 有关，而和电场强度 $\boldsymbol{E}$ 在 x 轴的状态无关，换句话说，$\frac{\partial E_x}{\partial x}=0$。电磁波传播方向为 y 轴和 z 轴的情况与此处的情况相同，不再重复。这个结果很重要，因为，由此可以确定与麦克斯韦方程组矢量形式相对应的各分量的微分方程，下面以第一组矢量方程为例，给出在闵可夫斯基时空坐标系中电磁场各分量的微分方程，如下所示

$$\left.\begin{aligned}
&\frac{\partial(-iE_z)}{\partial y}-\frac{\partial(-iE_y)}{\partial z}+\frac{1}{c}\frac{\partial H_x}{\partial t}=0\\
&\frac{\partial(-iE_z)}{\partial x}-\frac{\partial(-iE_x)}{\partial z}-\frac{1}{c}\frac{\partial H_y}{\partial t}=0\\
&-\frac{\partial(-iE_y)}{\partial x}+\frac{\partial(-iE_z)}{\partial y}-\frac{1}{c}\frac{\partial H_z}{\partial t}=0\\
&\frac{1}{c}\frac{\partial(H_x)}{\partial x}+\frac{1}{c}\frac{\partial(H_y)}{\partial y}+\frac{1}{c}\frac{\partial H_z}{\partial z}=0
\end{aligned}\right\}$$

该方程组中出现 i，是因为闵可夫斯基时空坐标系引入了时间坐标 ict 的缘故。由于 $F_{ik}=-F_{ki}$ 和 $F_{ii}=0$，因此，F_{ik} 仅有 6 个独立分量 (F_{12}，F_{14}，F_{23}，F_{24}，F_{31}，F_{34})，相应的矩阵表示式 (3-27) 就可以简化为如下矩阵

$$F_{ik}=\begin{bmatrix}0 & F_{12} & F_{13} & F_{14}\\ F_{21} & 0 & F_{23} & F_{24}\\ F_{31} & F_{32} & 0 & F_{34}\\ F_{41} & F_{42} & F_{43} & 0\end{bmatrix}\rightarrow\begin{bmatrix}0 & F_{12} & F_{13} & F_{14}\\ & 0 & F_{23} & F_{24}\\ & & 0 & F_{34}\\ & & & 0\end{bmatrix}$$

还可以写成如下协变形式的张量方程

$$\frac{\partial F_{jk}}{\partial x^i}+\frac{\partial F_{ki}}{\partial x^j}+\frac{\partial F_{ij}}{\partial x^k}=0,\quad (i,j,k=1,2,3,4,i\neq j\neq k)$$

它共有 24 个方程，而包含 6 个独立张量分量的方程自然只有 4 个，如下左方程所示，对应的电磁场微分方程如右下所示，是麦克斯韦第一组矢量方程的闵可夫斯基时空表示式，因此，这三者有一一对应，即：

$$\nabla\times\boldsymbol{E}=-\frac{1}{c}\frac{\partial\boldsymbol{H}}{\partial t}$$

$$\leftrightarrow\left\{\begin{array}{l}\dfrac{\partial F_{41}}{\partial x^3}-\dfrac{\partial F_{13}}{\partial x^4}+\dfrac{\partial F_{34}}{\partial x^1}=0\\ \dfrac{\partial F_{41}}{\partial x^2}-\dfrac{\partial F_{12}}{\partial x^4}-\dfrac{\partial F_{24}}{\partial x^1}=0\\ -\dfrac{\partial F_{13}}{\partial x^2}+\dfrac{\partial F_{21}}{\partial x^3}-\dfrac{\partial F_{32}}{\partial x^1}=0\end{array}\right.$$

$$\leftrightarrow\left\{\begin{array}{l}\dfrac{\partial(-iE_z)}{\partial y}-\dfrac{\partial(-iE_y)}{\partial z}+\dfrac{1}{c}\dfrac{\partial H_x}{\partial t}=0\\ \dfrac{\partial(-iE_z)}{\partial x}-\dfrac{\partial(-iE_x)}{\partial z}-\dfrac{1}{c}\dfrac{\partial H_y}{\partial t}=0\\ -\dfrac{\partial(-iE_y)}{\partial x}+\dfrac{\partial(-iE_z)}{\partial y}-\dfrac{1}{c}\dfrac{\partial H_z}{\partial t}=0\end{array}\right.$$

$$\nabla\cdot\boldsymbol{H}=0$$

$$\leftrightarrow\frac{\partial F_{34}}{\partial x^2}+\frac{\partial F_{42}}{\partial x^3}+\frac{\partial F_{23}}{\partial x^4}=0$$

$$\leftrightarrow \frac{1}{c}\frac{\partial H_x}{\partial x}+\frac{1}{c}\frac{\partial H_y}{\partial y}+\frac{1}{c}\frac{\partial H_z}{\partial z}=0$$

如果采用四阶爱丁顿 (或勒维–齐维塔)协变张量 $\varepsilon_{\mu\nu\lambda\beta}$ 或逆变张量 $\varepsilon^{\mu\nu\alpha\beta}(\varepsilon_{\mu\nu\lambda\beta}=\varepsilon^{\mu\nu\alpha\beta})$，还可以对方程 $\frac{\partial F_{jk}}{\partial x^i}+\frac{\partial F_{ki}}{\partial x^j}+\frac{\partial F_{ij}}{\partial x^k}=0$ 进一步简化。这里，张量 $\varepsilon_{\mu\nu\alpha\beta}$ 或 $\varepsilon^{\mu\nu\alpha\beta}$ 类似于式 (2-25) 或图 2.2 中替换算符的作用，就是在对指标 α,β 进行缩并运算时，能够实现 $\mu,\nu\neq\alpha,\beta$，同时，各个上下指标在取值范围 1，2，3，4 时，通过置换，能够保证 $\alpha\neq\beta\neq\mu\neq\nu$，正好只保留 F_{ik} 的 6 个独立分量。也就是说，如果用 $F^*_{\mu\nu}$ 表示对 $F_{\alpha\beta}$ 的置换和缩并运算：$F^*_{\mu\nu}=\varepsilon^{\mu\nu\alpha\beta}F_{\alpha\beta}$，那么就有如下结果：$F^*_{12}=F_{34}$，$F^*_{14}=F_{23}$，$F^*_{23}=F_{14}$，$F^*_{24}=F_{13}$，$F^*_{31}=F_{24}$，$F^*_{34}=F_{12}$ 或者用矩阵表示 $F^*_{\mu\nu}$ 与电磁场分量的关系

$$F^*_{\mu\nu}=\varepsilon^{\mu\nu\alpha\beta}F_{\alpha\beta}=\begin{bmatrix}0 & -iE_3 & iE_2 & cB_1\\ & 0 & -iE_1 & cB_2\\ & & 0 & cB_3\\ & & & 0\end{bmatrix}$$

由此，就可以将方程 $\frac{\partial F_{jk}}{\partial x^i}+\frac{\partial F_{ki}}{\partial x^j}+\frac{\partial F_{ij}}{\partial x^k}=0$ 进一步简化为 $\frac{\partial F^*_{\mu\nu}}{\partial x_\nu}=0$。

方程组 2 的简化表示式是

$$\left.\begin{aligned}\nabla\times\mathbf{H}=\frac{1}{c}\frac{\partial\mathbf{E}}{\partial t}+\frac{4\pi}{c}\mathbf{j}\\ \nabla\cdot\mathbf{E}=4\pi\rho\end{aligned}\right\}\quad\leftrightarrow\quad\frac{\partial F^{ik}}{\partial x^k}=-\frac{4\pi}{c}j^i,\quad(i,k=1,2,3,4)$$

也就是用电磁场张量 F^{ik} 或 F_{ik} 可以将矢量形式的麦克斯韦方程推广到四维的闵可夫斯基空间，形式更为简化。此外，还可以确定电磁

场的能量–动量张量 T_{ik} 的表达式，更确切地说，是应力–能量–动量张量 T_{ik} (最早是由闵可夫斯基将三维的电磁能量密度标量、动量密度 (坡印亭 (J. H. Poynting) 矢量) 和麦克斯韦应力张量统一成四维二阶的对称张量)，它与四维二阶电磁场张量 F_{ik} 的关系式如下所示

$$T_{ik} = \frac{1}{4\pi}\left(-g^{lm}F_{il}F_{km} + \frac{1}{4}F_{lm}F^{lm}g_{ik}\right) \tag{3-31}$$

这个公式是通过电磁场张量 F_{ik} 的作用量的变分得出的，显然，这是一个对称张量。

下面将通过物理方法得出能量–动量张量 T_{ik} 各分量的表示式，物理意义既简单明了，又容易理解这些分量与电场强度及磁场强度的关系。

能量–动量张量 T_{ik} 也是一个四维二阶张量，它的第一个矩阵中的各分量的下角标采用 x，y，z 表示，是为了更明显地与物理空间的三维笛卡儿坐标系联系起来，其协变张量形式是

$$T_{ik} = \begin{bmatrix} T_{tt} & T_{tx} & T_{ty} & T_{tz} \\ T_{xt} & T_{xx} & T_{xy} & T_{xz} \\ T_{yt} & T_{yx} & T_{yy} & T_{yz} \\ T_{zt} & T_{zx} & T_{zy} & T_{zz} \end{bmatrix}$$

$$= \begin{bmatrix} T_{00} & T_{01} & T_{02} & T_{03} \\ T_{10} & T_{11} & T_{12} & T_{13} \\ T_{20} & T_{21} & T_{22} & T_{23} \\ T_{30} & T_{31} & T_{32} & T_{33} \end{bmatrix} \tag{3-32}$$

相应的逆变张量形式是

$$T^{ik}=\begin{bmatrix} T^{00} & T^{01} & T^{02} & T^{03} \\ T^{10} & T^{11} & T^{12} & T^{13} \\ T^{20} & T^{21} & T^{22} & T^{23} \\ T^{30} & T^{31} & T^{32} & T^{33} \end{bmatrix}$$

$$=\begin{bmatrix} W & cT^{01} & cT^{02} & cT^{03} \\ T^{10}/c & -\sigma_{xx} & -\sigma_{xy} & -\sigma_{xz} \\ T^{20}/c & -\sigma_{yx} & -\sigma_{yy} & -\sigma_{yz} \\ T^{30}/c & -\sigma_{zx} & -\sigma_{zy} & -\sigma_{zz} \end{bmatrix} \tag{3-33}$$

现在来确定该矩阵的各个分量：

用 $\boldsymbol{E}$ 乘电磁场方程组 (3.27) 的第一个方程 $\nabla\times\boldsymbol{H}=\dfrac{1}{c}\dfrac{\partial\boldsymbol{E}}{\partial t}+\dfrac{4\pi}{c}\boldsymbol{j}$，再用 $\boldsymbol{H}$ 乘第二个方程 $\nabla\times\boldsymbol{E}=-\dfrac{1}{c}\dfrac{\partial\boldsymbol{H}}{\partial t}$，可得如下方程

$$\frac{1}{c}\boldsymbol{E}\cdot\frac{\partial\boldsymbol{E}}{\partial t}+\frac{1}{c}\boldsymbol{H}\frac{\partial\boldsymbol{H}}{\partial t}=-\frac{4\pi}{c}\boldsymbol{j}\cdot\boldsymbol{E}-(\boldsymbol{H}\cdot\nabla\times\boldsymbol{E}-\boldsymbol{E}\cdot\nabla\times\boldsymbol{H}) \tag{3-34}$$

由此式很容易得出能量–动量方程

$$\frac{1}{2c}\frac{\partial}{\partial t}(\boldsymbol{E}^2+\boldsymbol{H}^2)=-\frac{4\pi}{c}\boldsymbol{j}\cdot\boldsymbol{E}-\nabla\cdot(\boldsymbol{E}\times\boldsymbol{H}) \tag{3-35}$$

式 (3-35) 可以改写

$$\frac{\partial}{\partial t}\left(\frac{\boldsymbol{E}^2+\boldsymbol{H}^2}{8\pi}\right)=-\boldsymbol{j}\cdot\boldsymbol{E}-\nabla\cdot\left(\frac{c}{4\pi}\boldsymbol{E}\times\boldsymbol{H}\right) \tag{3-36}$$

为了用矩阵表示，式 (3-36) 进一步简化为

$$\frac{\partial}{\partial t}\boldsymbol{W}=-\boldsymbol{j}\cdot\boldsymbol{E}-\nabla\cdot\boldsymbol{S} \tag{3-37}$$

式中 $\boldsymbol{W}=\dfrac{\boldsymbol{E}^2+\boldsymbol{H}^2}{8\pi}$ 为能量密度，$\boldsymbol{S}=\dfrac{c}{4\pi}\boldsymbol{E}\times\boldsymbol{H}$ 为能流密度 ($\boldsymbol{S}$ 称作坡印亭矢量)，而对应力张量 $-\boldsymbol{j}\cdot\boldsymbol{E}$ 则需要做一些解释。为此，参考图 3.1 和图 3.2，从流体力学微元体的应力张量到电磁场的引力张量，是完全一致的，在那里所作的解释可以转述到这里来。不过，为了描述闵可夫斯基空间的四维电磁场张量 F_{ik} 和能量–动量张量 T_{ik}，我们将重新作出详细说明。在下图中，矢量 $\boldsymbol{F}_1$ 作用在流场小面元 $\Delta\boldsymbol{x}\times\Delta\boldsymbol{y}$ 上并穿过该面元，它可以沿着笛卡儿直角坐标系分解为三个分力，其中 σ_{12} 和 σ_{13} 表示在小面元 $\Delta\boldsymbol{x}\times\Delta\boldsymbol{y}$ 上分别指向 x_2 和 x_3 的正方向；而垂直于小面元指向 x_1 的 σ_{12} 和 σ_{13} 称作切应力。它们的方向与能流方向相反，如图所示。在图 3.4 中将一个微元立方体的内应力情况全部标出，通常将 σ_{ii} 称作正压力，σ_{ik} 是切应力，图示已经十分清楚，不需要再做说明，当电荷在电磁场中移动时，电流密度 $\boldsymbol{j}$ 形成的电磁场，情况正是这样，由 9 个分量组成了场的引力张量。

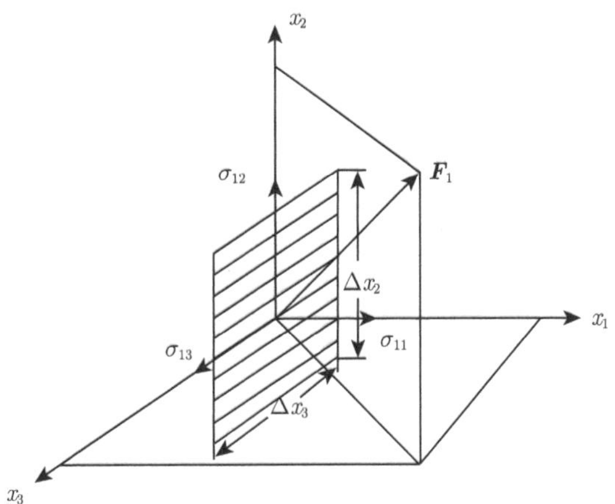

图 3.5　作用在流场小面元 $\Delta x_2\times\Delta x_3$ 上矢量 $\boldsymbol{F}_1$ 以及它们的分量

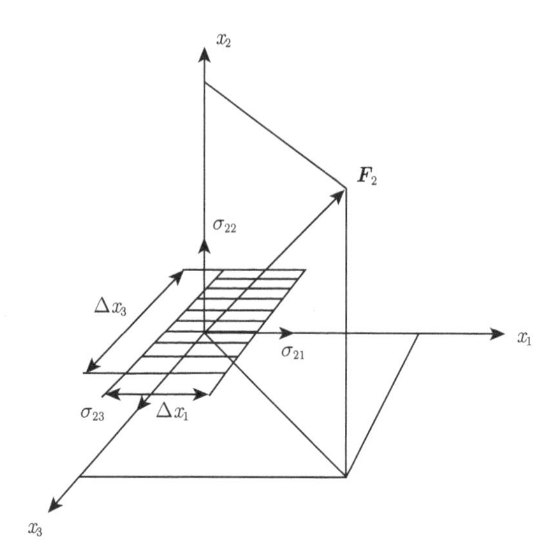

图 3.6　作用在流场小面元 $\Delta x_1 \times \Delta x_3$ 上矢量 $\boldsymbol{F}_2$ 以及它们的分量

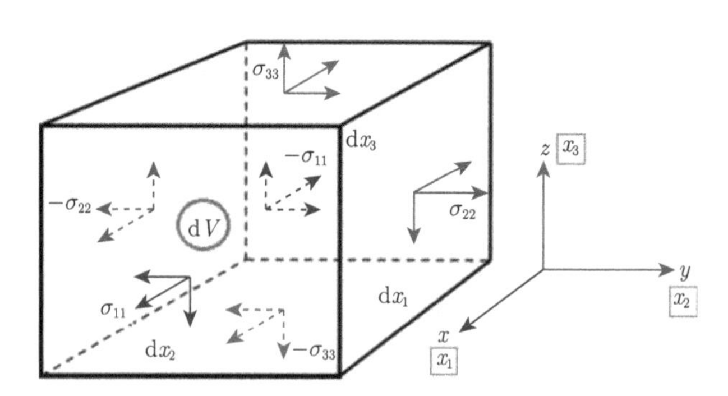

图 3.7　微元体 $\mathrm{d}V = \mathrm{d}x_1\mathrm{d}x_2\mathrm{d}x_3$ 的 6 个面 (上下，左右，前后) 上的法向应力 σ_{ii} 和切向应力 σ_{ik} 分量 (未标注)

现在，能量–动量逆变张量 T^{ik} 的各分量均为已知，可以表示成矩阵形式

$$T^{ik} = \begin{bmatrix} T^{00} & T^{01} & T^{02} & T^{03} \\ T^{10} & T^{11} & T^{12} & T^{13} \\ T^{20} & T^{21} & T^{22} & T^{23} \\ T^{30} & T^{31} & T^{32} & T^{33} \end{bmatrix}$$

$$
= \begin{bmatrix} W & cT^{01} & cT^{02} & cT^{03} \\ T^{10}/c & -\sigma_{xx} & -\sigma_{xy} & -\sigma_{xz} \\ T^{20}/c & -\sigma_{yx} & -\sigma_{yy} & -\sigma_{yz} \\ T^{30}/c & -\sigma_{zx} & -\sigma_{zy} & -\sigma_{zz} \end{bmatrix} \tag{3-38}
$$

这是一个对称矩阵，$T^{ik} = T^{ki}$。

矩阵中，根据各阵元的物理意义，将 $T^{0\alpha}$ 即 T^{01}、T^{02} 和 T^{03} 称作能流密度，常用坡印亭矢量 $\boldsymbol{S}$ 表示，而 $T^{\alpha 0}/c$ 即 T^{10}/c、T^{20}/c 和 T^{30}/c 则称作动量流密度，常用 $\boldsymbol{M}$ 表示，由于能量–动量张量的对称性，在这种按照物理含义的表示中，应当令 $S^{0k} = cT^{0k}$ 和 $M^{i0} = T^{i0}/c$，以便使矩阵不同的表示方式仍有对称性，显然，将 $S^{0k} = cT^{0k}$ 和 $M^{i0} = T^{i0}/c$ 代入矩阵表达式后，对称性 $T^{ik} = T^{ki}$ 不变。由此就得到完整的应力–能量–动量张量矩阵，如下式所示，角标改用坐标 x、y 和 z，目的是指明能流和动量流的方向，例如，S_x/c 是沿着 x 方向而通过垂直于 x 流向 (即 y-z 面) 的单位面积的能量，其他类似，不再重复。它和电磁场的能量–动量张量不完全相同，需要格外注意。

$$
T^{ik} = \begin{bmatrix} W & S_x/c & S_y/c & S_z/c \\ cM_x & -\sigma_{xx} & -\sigma_{xy} & -\sigma_{xz} \\ cM_y & -\sigma_{yx} & -\sigma_{yy} & -\sigma_{yz} \\ cM_z & -\sigma_{zx} & -\sigma_{zy} & -\sigma_{zz} \end{bmatrix} \tag{3-39}
$$

我们将矩阵中各分量的物理意义按对应方式表示如下

$$
T^{ik} = \begin{bmatrix} \text{能量密度} & x\text{-能流} & y\text{-能流} & z\text{-能流} \\ x\text{-动量密度} & \underbrace{\begin{matrix} xx\text{动量流} & xy\text{动量流} & xz\text{动量流} \\ yx\text{动量流} & yy\text{动量流} & yz\text{动量流} \\ zx\text{动量流} & zy\text{动量流} & zz\text{动量流} \end{matrix}}_{-\sigma_{\alpha\beta}} \end{bmatrix} \tag{3-40}
$$

式中 S_x/c，S_y/c 和 S_z/c 是能量流密度，cM_x，cM_y 和 cM_z 是动量流密度，显然，能流密度乘以 $1/c^2$ 就是动量流密度，而 $(-\sigma_{\alpha\beta})$ 则是电磁场应力张量，它的含义是可以将"场"当做连续介质，应用流体动力学的方法进行分析。当 α，β 各取 x，y，z 时，$(-\sigma_{\alpha\beta})$ 就表示沿着 x 方向 (与应力反方向) 通过垂直于 x 轴的平面 (y-z) 的能流，或者沿着 y 轴通过垂直于 y 轴的平面 (z-x) 的能流，等等 (参看图 3.4)，如矩阵中用灰色标注的 9 个动量流分量，它组成了电磁场应力张量，注意到动量的变化率就是力，力的存在就意味着场中物质的流动，因此，$\sigma_{\alpha\beta}$ 等价于动量流张量，正如前面已经说过的，要用能量的观点代替力的观点，这里正是这样作的。

三维电磁场应力张量的具体表达式如下，可以看出它就是动量流张量

$$\sigma_{\alpha\beta}=\frac{1}{4\pi}\left(E_\alpha E_\beta+H_\alpha H_\beta-\frac{1}{2}\delta_{\alpha\beta}(E^2+H^2)\right) \tag{3-41}$$

例如

$$-\sigma_{xx}=\frac{1}{8\pi}\left(E_y^2+E_z^2-E_x^2+H_y^2+H_z^2-H_x^2\right) \tag{3-42}$$

$$-\sigma_{xy}=-\frac{1}{4\pi}\left(E_xE_y+H_xH_y\right) \tag{3-43}$$

这样，在引力场中就出现了将应力–能量–动量从整体上进行统一描述的观念上深刻的变革。注意 T_{ik} 是对称张量，与电磁场张量 F_{ik} 不同，电磁场张量 F_{ik} 是反对称张量，而且二者的各分量的意义也不相同，前面已经指出，可以用电磁场张量 F_{ik} 来表示能量–动量张量 T_{ik}，通过电磁场的作用量的变分得出。T_{ik} 张量的各分量的表示式是

否正确，还可以用它的迹等于零的特点，即 $\mathrm{tr}\boldsymbol{D} = T_i^i = 0$ 来进行验算。

除了常用矩阵表达式 (3-39) 之外，还有不区分能流密度和动量流密度，而用能量 (S_x/c，S_y/c 和 S_z/c) 表示的应力–能量–动量张量矩阵，如朗道 (L. Landau) 和栗弗席兹 (E. Lifshits) 在他们的名著《场论》一书中就采用这种方式 (参考文献 [22])，目的是突出该矩阵的对称性，如下面的矩阵所示

$$T^{ik} = \begin{bmatrix} W & S_x/c & S_y/c & S_z/c \\ S_x/c & -\sigma_{xx} & -\sigma_{xy} & -\sigma_{xz} \\ S_y/c & -\sigma_{yx} & -\sigma_{yy} & -\sigma_{yz} \\ S_z/c & -\sigma_{zx} & -\sigma_{zy} & -\sigma_{zz} \end{bmatrix} \tag{3-44}$$

这种表示是基于普朗克 (M. Planck) 的能流的动量定理：$\boldsymbol{M} = \boldsymbol{S}/c^2$，由此可得 $c\boldsymbol{M} = \boldsymbol{S}/c$，因此，前面的矩阵表达式 (3-39) 中的动量密度 $cM_x = S_x/c$，$cM_y = S_y/c$，$cM_z = S_z/c$，所以，矩阵 (3-39) 和矩阵 (3-44) 是完全等价的，而后者的表示的优点是对称性一目了然。在广义相对论创立期间和之后的几十年，有关动量–能量矩阵的研究和争论一直不断，由于它是引力源或场源，爱因斯坦、普朗克、闵可夫斯基、外尔、劳布 (J. Laub)、阿布拉汉姆 (M. Abrahanm) 等都研究过这个问题。现在，这里介绍的两种矩阵表达式则是比较公认的。

在电磁场中应用张量的例子清楚地表明，单独一个张量的坐标变换和微分等运算，虽然也比较复杂，但是并不很困难，如果是张量方程，那么，各张量分量的表达式以及这些分量彼此之间的对应关系，就不仅比较复杂，而且也有较大的难度，特别是确定一个新张量的表

达式，明确它的物理意义，实际上是很困难的，需要对研究客体动态特性的深入了解和深刻分析。这在下面即将介绍的引力场方程中可能会有更深的体会。

关于矢量势 $\boldsymbol{A}$ 和标量势 φ 还有值得在此作一简短的历史回顾，为了计算电磁场，在 20 世纪初就提出了如下一组关系式

$$\boldsymbol{E}=-\nabla\varphi-\frac{1}{c}\frac{\partial \boldsymbol{A}}{\partial t} \tag{3-45}$$

$$\boldsymbol{B}=\nabla\times\boldsymbol{A} \tag{3-46}$$

当时，物理学界怀疑矢量势 $\boldsymbol{A}$ 和标量势 φ 不是真实的场，只是一种计算的辅助量。其后，约在 20 世纪 20 年代，这两个量也出现在量子力学中，怀疑依然存在，费恩曼 (R. P. Feynman) 在他的物理学讲义中，曾经这样问道："人们不断地说矢势不具有直接的物理意义——即使在量子力学也只有磁场和电场才是正确的。…… 为什么从没有人想要讨论这一实验，…… 像这样一件事情竟搁置达 30 年之久"。1959 年阿哈罗诺夫 (Y. Aharonov) 和玻姆 (D. Bohm) 指出矢量势 $\boldsymbol{A}$ 和标量势 φ 具有直接的物理效应 (即后来称为 A-B 效应)，建议了实验验证方法，直到 1985 年外村彰 (Akira Tonomura) 和他的同事进行的精密的低温超导实验证实了 A-B 效应的真实存在，也使量子力学经受住了一场严峻的考验。

我们回顾这一段物理学发展的简单历史，目的是什么？人们常说，传授知识者，应传授思考方法，这当然不错。不过，这里应当思索的是要善于发现问题，勤奋地去思考已经发现的问题，正如唐代大文学家韩愈谆谆告诫的："业精于勤，荒于嬉，行成于思，毁于随"。主动而不是等待，如果要等到问题被认为有意义时才去着手研究，那真是

时不我待，错失良机。因此，读一读物理学发展史方面的书籍，对于启发思考和发现问题，是非常重要的。

3.4 引力场中的张量——爱因斯坦场方程

引力场无论从时间进展的顺序还是从理论发展的深度方面来看，是由牛顿 ↔ 泊松 ↔ 爱因斯坦组成的一条金链连接起来，这条金链由如下的数学公式作为链条

$$\underbrace{F = G\frac{m_1 m_2}{r^2}}_{\text{牛顿}} \leftrightarrow \underbrace{\frac{\partial^2\varphi}{\partial x^2} + \frac{\partial^2\varphi}{\partial y^2} + \frac{\partial^2\varphi}{\partial z^2} = 4\pi\rho G}_{\text{泊松}}$$

$$\leftrightarrow \underbrace{R_{\mu\nu} - \frac{1}{2}Rg_{\mu\nu} = \frac{8\pi G}{c^4}T_{\mu\nu}}_{\text{爱因斯坦}} \tag{3-47}$$

式中 G 是引力常数。也可以说是由 F(力) ↔ φ(势) ↔ $g_{\mu\nu}$(度规) 组成了一条金链。还可以说，是由笛卡儿空间 ($\mathbb{R}^3$— 平直的绝对空间)↔ 闵可夫斯基空间 ($\mathbb{R}^{3+1}$— 平直的时空)↔ 黎曼空间 ($\mathbb{R}^n$— 弯曲时空) 连接起来的。

连接这条金链的是光，在伽利略时期，他已经发现惯性定律，惯性质量与重力质量相等，也曾以简易方法测量过光速；继之，牛顿认为光速为无穷大，提出引力的超距作用，确定了绝对空间；接着，麦克斯韦给出了构筑经典物理学大厦的电磁场方程，确定了光速的精确值；其后，爱因斯坦确信光速是自然界中有限的、最大的恒定速度，否定了超距作用和绝对空间，接受了闵可夫斯基四维时空，在宇宙中物质不变，即应力–动量–能量守恒的条件下，只有黎曼弯曲空间中才能保持光速不变，引力场的弯曲就是用度规来测度的，从平直空间距

离的测度发展到弯曲空间距离的测度，就是这条金链现在的末端，连接这个末端的下一个环节是什么，也许是以杨–米尔斯方程为基础的规范场，只是有一个微观尺度与宇观尺度的适应问题，可能天体物理学的研究能给出回答!

同样，我们在这里并不是研究引力问题，而是将张量作为数学工具在引力场中的应用作为实例加以讨论，重点自然就是张量的应用问题，为了达到此目的，简要地讨论引力场的基本知识也是需要的。式 (3-47) 中的牛顿万有引力表达了物体之间的引力，经过拉格朗日 (Lagrange)，特别是他的学生泊松的研究，将牛顿的万有引力用引力势 φ 和笛卡儿空间的质量密度 ρ 联系起来，这为爱因斯坦研究引力提供了一条重要线索，也就是要用引力势和质量在空间分布的观点思考引力问题，由于没有空间的时间和没有时间的空间是不存在的，因此，将泊松方程 $\Delta\varphi = 4\pi\rho G$ 从笛卡儿空间经过闵可夫斯基空间扩展到黎曼曲率时空，是一条必由之路。

正像牛顿发现的万有引力定律，也可以通过开普勒 (Kepler) 第三定律导出一样，泊松方程与牛顿万有引力定律也可以通过爱因斯坦引力场方程的弱场近似得出。反过来，泊松方程启发爱因斯坦思考如何建立引力场方程，从笛卡儿空间到闵可夫斯基空间，仍然是平直空间，只是将时间和空间联系起来，当进一步扩展到黎曼弯曲时空时，就出现了关于引力概念的质的飞跃，顿悟到天体中的物质使空间弯曲，而空间的弯曲便是引力的表现，弯曲程度将由度规张量度量，这就是广义相对论的基本思路和建立场方程遵循的线索，采用张量形式表达引力场方程最恰当地体现了广义协变原理，甚至可以说，引力场的张量形式就是广义协变性。因此，从物理学途径建立引力场方程时，需要的张量知识主要是曲率张量；而以数学方式获得引力场方程时，需要的则是作用量的变分，建立引力场方程需要对物理过程有深刻的洞察，而获得引力场方程则需要对张量表示的作用量的变分方法有熟练的运用，这是它们之间的本质区别；二者的共同之处应当是对张量在数学上的自洽性的理解，下面对这两种方法进行详细论述。

1. 物理学方式

爱因斯坦之所以强烈地探索引力问题，主要是因为牛顿的万有引力定律的瞬时超距作用与狭义相对论的光速为有限定值不相容，而且，引力场是匀加速坐标系，不满足洛伦兹变换的匀速参考坐标系。当时，像闵可夫斯基、洛伦兹和索末菲等著名物理学家，仍然是将注意力集中在作用力的概念上；而爱因斯坦则是从泊松方程作为出发点，因为泊松方程表明空间分布的质量与引力势的产生有关，二者相互作用。但是，这是在笛卡儿平直空间的关系。尽管在爱因斯坦的电梯自由下落和上升的思维实验中，出现了光线从左侧小孔射入，沿着弯曲的轨迹，从右侧射出的情景，如图 3.8 所示。但是，电梯自由升降的速度应当与光速可以比拟时，才会出现。其次，爱因斯坦的好友艾伦菲斯特 (P. Ehrenfest) 提出，飞速旋转的圆盘，沿着直径不同位置的线速度是不一样的，最外缘的线速度最大，尺度收缩也最大，由于没有径向运动，圆盘只能变形鼓起 (假定圆盘具有一定的弹性)，形成如图 3.9 所示的曲面。研究这类问题不能囿于平直空间，必须采用曲面坐标系，也就是在黎曼弯曲空间中展开。对于爱因斯坦来说，这是关键的一步，分析如下的泊松引力方程，方程的左边是引力势对坐标的二次微分的标量函数 φ，右边是质量密度 ρ，可以看出，质量密

度产生引力势，如果推广至宇宙空间，星系的质量和能量是密不可分的，泊松方程 (3-48) 的右边

$$\frac{\partial^2\varphi}{\partial x^2}+\frac{\partial^2\varphi}{\partial y^2}+\frac{\partial^2\varphi}{\partial z^2}=4\pi\rho G$$
$$\text{或}\quad \Delta\varphi=4\pi\rho G \tag{3-48}$$

应当用宏观物体的动量–能量张量 T^{ik} 或 T_{ik} 代替

$$T_{ik}=(p+\varepsilon)\,u_iu_k-pg_{ik} \tag{3-49}$$

用矩阵表示则有

$$T_{\mu\nu}=\begin{bmatrix} W & S_x/c & S_y/c & S_z/c \\ cM_x & -\sigma_{xx} & -\sigma_{xy} & -\sigma_{xz} \\ cM_y & -\sigma_{yx} & -\sigma_{yy} & -\sigma_{yz} \\ cM_z & -\sigma_{zx} & -\sigma_{zy} & -\sigma_{zz} \end{bmatrix} \tag{3-50}$$

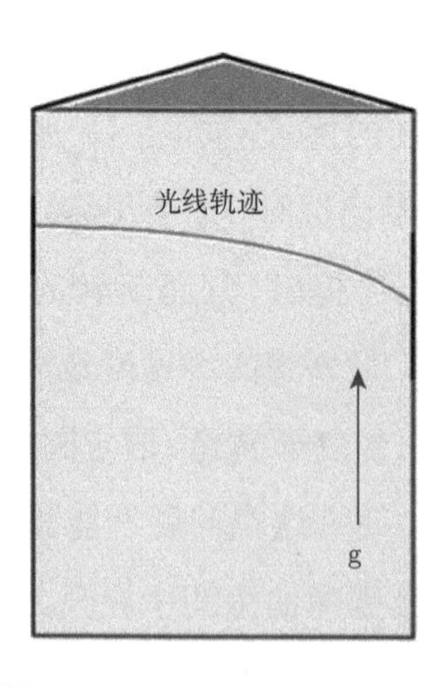

图 3.8 升降电梯的思维实验

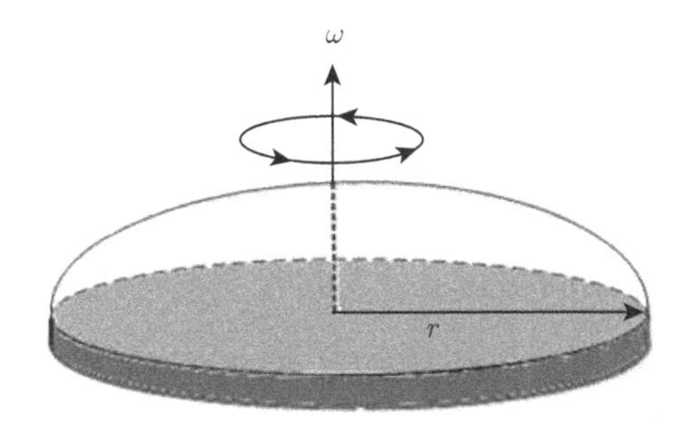

图 3.9 飞速旋转的圆盘弯曲成曲面

在 3.3 节已经比较详细地解释了能量–动量张量，这里为了阅读方便起见，重复说明矩阵各个阵元的物理含义：W 是能量密度；σ_{xx}，σ_{yy}，σ_{zz} 是正压力，σ_{xy}，σ_{xz}，$\cdots$，σ_{zz} 是剪应力；S_x/c，S_y/c 和 S_z/c 是能流密度；cM_x，cM_y 和 cM_z 是动量流密度，显然，能流密度乘以 $1/c^2$ 就是动量流密度。

或者类似于连续介质流体力学的基本方程中的各物理量

$$\frac{\partial \rho \boldsymbol{u}}{\partial t}+\nabla\cdot\rho\boldsymbol{u}\boldsymbol{u}=\nabla\cdot\sigma+\rho\boldsymbol{f} \tag{3-51}$$

式中 $\rho\boldsymbol{u}$ 为动量，$\rho\boldsymbol{u}\boldsymbol{u}$ 为能量，而 $\nabla\cdot\sigma$ 为应力，在闵可夫斯基时空中，这些物理量是张量，也可表示成上述矩阵形式。

根据图 3.6 的结果，爱因斯坦已经确信，物质使空间弯曲，弯曲程度正好用度规张量 $g_{\mu\nu}$ 度量 ($\mathrm{d}s^2=g_{\mu\nu}\mathrm{d}x^\mu\mathrm{d}x^\nu$)，如同笛卡儿空间的距离用 $\mathrm{d}s^2=(\mathrm{d}x^1)^2+(\mathrm{d}x^2)^2+(\mathrm{d}x^3)^2$ 度量。因此，在 1915 年确定引力场方程时，爱因斯坦凭借他对张量物理意义的深刻了解，以及长期思索引力的本质，已经看出泊松方程应当是引力场方程的一级近似，由此得出在用张量表示引力势与物质的关系时，方程左边必须满足如下约束条件：

泊松方程 (3-48) 中是平直空间的拉普拉斯算符 $\Delta=\dfrac{\partial^2}{\partial x^2}+\dfrac{\partial^2}{\partial y^2}+\dfrac{\partial^2}{\partial z^2}$，必定与黎曼弯曲时空坐标系中的度规张量 $g_{\mu\nu}$ 有关，因为，实际上，$g_{\mu\nu}$ 既是对坐标系的描述，也是对引力势的描述。曲率张量 $R^{\lambda}_{\mu\nu\sigma}$ 缩并后的二阶微分张量就是里奇张量 $R_{\mu\nu}$，它的缩并就是曲率标量 R，这个曲率标量 R 是黎曼弯曲空间中的不变量，它与二阶张量 $R_{\mu\nu}$ 以及度规张量 $g_{\mu\nu}$ 只能有线性关系，这样，就可以仿照泊松方程 (3-48) 写出下面的表达式

$$aR_{ik}+bRg_{ik}+\lambda g_{ik}=kT_{ik} \tag{3-52}$$

方程的右边是闵可夫斯基提出的宏观物质张量，比例系数为 k。爱因斯坦由于对坐标系变换的熟悉和对张量深刻的了解，在几经试探之后，确定了上述线性组合的系数 a，b 和 λ，终于得出了正确的引力场方程，

$$R_{\mu\nu}-\frac{1}{2}Rg_{\mu\nu}=\frac{8\pi G}{c^4}T_{\mu\nu} \tag{3-53}$$

方程中未知张量是 $g_{\mu\nu}$，也就是线元长度的表示式。式中第二项 $\left(-\dfrac{1}{2}Rg_{\mu\nu}\right)$ 是曲率标量 R 与 $g_{\mu\nu}$ 的乘积，体现了弯曲空间不同坐标点的弯曲程度 (就是微分几何中流形上的曲率)，负号是因为在弯曲空间中，坐标本身在不同点的曲率不是由空间物质产生的弯曲，是坐标在该点的曲率的度量，必须扣除 (作为数学描述的弯曲空间，在上述引力场方程右边 $\boldsymbol{T}_{\mu\nu}=0$ 时，成为真空，虽然引力场方程简化为 $R_{\mu\nu}=0$，但仍然是非线性方程，而且 $R_{\mu\nu\lambda\sigma}\neq 0$，空间仍然是弯曲的，特别是 $g_{\mu\nu}$ 既描写引力势，又描写坐标系，二者紧密联系在

一起。因此，应当将不是由物质张量引起的弯曲扣除。当然，这也是平直空间的引力与爱因斯坦的弯曲空间引力的区别和不同点)。在方程 (3-52) 中，λ 起先确定为零，后来为了满足静态宇宙模型，加了这一项，爱因斯坦认为添加这一项是他一生中犯的最大错误 (It is the biggest blunder in my career)。不过，当前构建宇宙学模型的观察研究认为，保留宇宙项 λ 仍然有一定的意义。方程 (3-53) 的常数因子 $k = \dfrac{8\pi G}{c^4}$ 是通过泊松引力方程 (3-48) 在一级近似的情况下得出的。

在基础篇中得出曲率张量的表达式 (1-39) 时，曾经说过："这个等式是如此的重要，如果当年爱因斯坦和合作者格罗斯曼知道这个关系式，也就不会在建立引力场方程时，很长时期处于困境之中了"。现在，可以详细说明这个问题了。

再次写出曲率张量的毕安基恒等式

$$R^n_{ikl;m} + R^n_{imk;l} + R^n_{ilm;k} = 0 \tag{3-54}$$

注意到曲率张量 R_{iklm} 的对称性：ik 和 lm 各自都是反对称的，而 ik 和 lm 对易，则是对称的，特别是当 $i = k$ 或者 $l = m$ 时，R_{iklm} 之值均为零。这样，当对指标对于 n 和 m 进行缩并运算时，就有

$$R^m_{ikl;m} + R_{il;k} - R_{ik;l} = 0 \tag{3-55}$$

然后，乘以 g^{li}

$$(g^{li} R^m_{ikl})_{;m} + (g^{li} R_{il})_{;k} - (g^{li} R_{ik})_{;l} = 0 \tag{3-56}$$

注意到 g^{li} 的升降指标的作用和 $g^{kl}_{;j} = 0$，就可以得出称为爱因斯坦张

量的简单表示式

$$\left(R_k^l-\frac{1}{2}\delta_k^l R\right)_{;l}=0 \tag{3-57}$$

$$\begin{aligned}&\left(R^{lk}-\frac{1}{2}g^{lk}R\right)_{;l}=0\\ \text{或}\quad&\left(R_{lk}-\frac{1}{2}g_{lk}R\right)^{;l}=0\end{aligned} \tag{3-58}$$

或者用协变微分算符与逆变微分算符表示这个关系式，散度为零实际上就是能量守恒

$$\begin{aligned}&\nabla_\mu\left(R^{\mu\nu}-\frac{1}{2}g^{\mu\nu}R\right)=0\\ \text{或}\quad&\nabla^\mu\left(R_{\mu\nu}-\frac{1}{2}g_{\mu\nu}R\right)=0\end{aligned} \tag{3-59}$$

这就是引力场方程左边的协变微分，很显然，引力场方程的右边表示物质空间分布的应力–能量–动量张量 $T_{\mu\nu}$ 也必须守恒，即散度同样必须为零 $\nabla^\mu T_{\mu\nu}=0$，由此便可得出式 (3-53) 的引力场方程。

通过类比、逻辑思维和数学分析，得出重要的物理方程的例子不在少数，如普朗克的量子黑体辐射公式，薛定谔 (E. Schrödinger) 波动力学方程，狄拉克电子自旋方程等。但是，它们都不能与引力场方程相提并论，只能和爱因斯坦的光量子辐射定律相当，尽管狄拉克方程奠定了量子电动力学的理论基础，预测了反物质的存在，并具有数学的和谐与内在美的特征，但是，从洞察宇宙结构和自然规律的深刻与广度而言，正如朗道和栗弗席兹赞誉的，爱因斯坦的引力场方程在现有的物理理论中，或许是最美丽的。

2. 数学方式

一个力学系统，或者说任何一个具有能量和动量的系统，都存在称作作用量的积分，取极小值或等于零，实际上就是作用量的变分，由欧拉 (L. Euler) 的变分 (泛函的极值)，拉格朗日变分 (广义坐标和广义速度) 和哈密尔顿变分 (广义坐标和广义动量) 发展而成为探寻各种物理量之间关系的一种有效的方法，就是动能与势能之差的积分值最小，这是自然界的一个客观事实，比如引力场中自由粒子的运动轨迹的测地线方程，就可以通过变分获得。对于引力场而言，作用量由引力场作用量 S_g 和物质作用量 S_m 两部分组成 (当然，确定这两部分的表达式是一个关键之点)，在变分时，$\delta(S_g+S_m)=0$，需要对作用量 S_g 和 S_m 分别进行变换和处理，从而对理解和应用张量提供了又一个实例。

前面已经指出，利用指标的升降和缩并，可以构成新的张量，曲率标量 R 就是曲率张量 $R_{ik\mu\nu}$ 按照如下步骤缩并的结果：将指标 i 升为上角标，然后令 $i=k$，进行缩并运算，即：$R_{ik\mu\nu}\rightarrow R^{i}_{\cdot k\mu\nu}\rightarrow R^{k}_{\cdot k\mu\nu}\rightarrow R_{\mu\nu}$，$R_{\mu\nu}$ 是里奇–外尔张量。对此张量 $R_{\mu\nu}$ 进行缩并，就得到重要的曲率标量 R，$R=g^{\mu\nu}R_{\mu\nu}$。在曲面坐标系中，度规张量 $g_{\mu\nu}$ 在不同点有不同的值，由克氏符号 $\Gamma^{\lambda}_{\mu\nu}$ 表示，度规张量 $g_{\mu\nu}$ 也是黎曼空间坐标的描述，它与克氏符号 $\Gamma^{\lambda}_{\mu\nu}$ 的关系已如式 (3-2) 所示，只要理解了前面的内容，熟悉各张量之间的联系，这里用到的张量的微积分运算已经没有困难。

作用量 S_g 的表达式由两部分组成，其一是引力场使空间弯曲，弯曲程度由曲率张量 $R_{\mu\nu}$ 表示；其二是 $S_g=R$，这是因为，在不考虑

引力场本身的效果时，度规张量 $g_{\mu\nu}$ 表达了曲面坐标系中不同点有不同的坐标值，由此产生的坐标曲率 $kRg_{\mu\nu}$ 必须扣除 (k 是待定系数)。而积分则是在四维时空的体积 d^4x 中进行 (三维空间 x^1，x^2，x^3 及时间间隔坐标 $x_1^0 \leqslant x^0 \leqslant x_2^0$)，注意在对 S_g 变分时，作用量 $S_g = R$ 用 $S_g = R\sqrt{-g}$ 代替，沿着四维体积元积分时，应当考虑空间三维笛卡儿坐标系的体积元 $\mathrm{d}V$ 变换到四维闵可夫斯基坐标系的体积元 $\mathrm{d}\Omega' = dx'^0\mathrm{d}x'^1\mathrm{d}x'^2\mathrm{d}x'^3$ 时，需要计入坐标变换的雅可比行列式 J，已知 $J^2 = \dfrac{1}{-g}$，g 是度规张量的行列式：$g = \det|g_{ij}|$ 和 $\dfrac{1}{g} = \det|g^{ij}|$，因此，坐标变换的结果如下式所示

$$
\begin{aligned}
\mathrm{d}\Omega &= \mathrm{d}x^0\mathrm{d}x^1\mathrm{d}x^2\mathrm{d}x^3 \\
&= \frac{1}{J}c\mathrm{d}t\mathrm{d}V = \frac{1}{J}\mathrm{d}^4x \\
&= \frac{1}{J}\mathrm{d}x'^0\mathrm{d}x'^1\mathrm{d}x'^2\mathrm{d}x'^3 = \frac{1}{J}\mathrm{d}\Omega' \\
&= \sqrt{-g}\mathrm{d}\Omega'
\end{aligned} \tag{3-60}
$$

这就是闵可夫斯基坐标系采用 $R\sqrt{-g}$ 而不是 R 的原因，还有一个原因是，爱因斯坦处理张量变分时，习惯用 $\sqrt{-g}$ 作为因子，在闵可夫斯基时空中，其物理意义是：它与标量的乘积称作标量密度，与矢量的乘积称作矢量密度，而与张量的乘积，自然称作张量密度，体现了体积 $\mathrm{d}\Omega$ 中所含的场量，如动量和能量等，也就保留下来。变分时，$R = g^{\mu\nu}R_{\mu v}$，而 $g^{\mu\nu}$，$R_{\mu v}$ 和 $\sqrt{-g}$ 均作为独立张量进行变分，这样就可以将引力场的变分 δS_g 表示成如下形式：

$$
\delta\int R\sqrt{-g}\mathrm{d}^4x = \delta\int g^{\mu\nu}R_{\mu\nu}\sqrt{-g}\mathrm{d}^4x
$$

$$= \int \left(R_{\mu\nu}\sqrt{-g}\underbrace{\delta g^{\mu\nu}}_{1} + R_{\mu\nu}g^{\mu\nu}\underbrace{\delta\sqrt{-g}}_{2} + g^{\mu\nu}\sqrt{-g}\underbrace{\delta R_{\mu\nu}}_{3} \right) \mathrm{d}^4x \tag{3-61}$$

式中有 3 个变分需要计算：

变分 1：$\delta g_{\mu\nu}$ 等价于度规张量 g 的微分，就是对其行列式 $g = \det|g_{ij}|$ 微分，每一个分量 $g^{\mu\nu}$ 和相应的余子式 $g \cdot g^{\mu\nu}$ 的乘积就是 $\delta g = g \cdot g^{\mu\nu}\delta g_{\mu\nu} = -g \cdot g_{\mu\nu}\delta g^{\mu\nu}$，由此就容易得出变分 2：$\delta\sqrt{-g} = -\frac{1}{2\sqrt{-g}}\delta g = -\frac{1}{2}\sqrt{-g}g_{\mu\nu}\delta g^{\mu\nu}$，代入式 (3-61)，可得

$$\delta\int R\sqrt{-g}\mathrm{d}^4x = \int\left(R_{\mu\nu} - \frac{1}{2}g_{\mu\nu}R\right)\delta g^{\mu\nu}\sqrt{-g}\mathrm{d}^4x + \int g^{\mu\nu}\sqrt{-g}\underbrace{\delta R_{\mu\nu}}_{3}\mathrm{d}^4x \tag{3-62}$$

现在需要计算变分 3：$\delta R_{\mu\nu}$ 的计算比较复杂，首先将它表示成黎曼张量缩并的形式，然后对其分量作变换

$$R_{\mu\nu} = g^{lm}R_{l\mu m\nu} = R^{l}_{\cdot\mu l\nu} = \frac{\partial\Gamma^l_{\mu\nu}}{\partial x^l} - \frac{\partial\Gamma^l_{\mu l}}{\partial x^\nu} + \Gamma^l_{\mu\nu}\Gamma^l_{lm} - \Gamma^m_{\mu l}\Gamma^l_{\nu m} \tag{3-63}$$

在局部笛卡儿坐标系，克氏符号为零，因此有 $\Gamma^l_{\mu\nu}\Gamma^l_{lm} - \Gamma^m_{\mu l}\Gamma^l_{\nu m} = 0$，还应记得度规张量是常数，它的微分均为零。

$$g^{\mu\nu}\delta R_{\mu\nu} = g^{\mu\nu}\delta\left(\frac{\partial\Gamma^l_{\mu\nu}}{\partial x^l} - \frac{\partial\Gamma^l_{\mu l}}{\partial x^\nu}\right)$$

$$= g^{\mu\nu}\left(\frac{\partial}{\partial x^l}\delta\Gamma^l_{\mu\nu} - \frac{\partial}{\partial x^\nu}\delta\Gamma^l_{\mu l}\right)$$

$$= g^{\mu\nu}\frac{\partial}{\partial x^l}\delta\Gamma^l_{\mu\nu} - g^{\mu l}\frac{\partial}{\partial x^l}\delta\Gamma^\nu_{\mu\nu}$$

$$= \frac{\partial w^l}{\partial x^l} \tag{3-64}$$

式中 $w^l = g^{\mu\nu}\delta\Gamma^l_{\mu\nu} - g^{\mu l}\delta\Gamma^\nu_{\mu\nu}$，改写公式 $g^{\mu\nu}\delta R_{\mu\nu} = \frac{1}{\sqrt{-g}}\frac{\partial}{\partial x^l}\left(\sqrt{-g}w^l\right)$，变分 3 最后的公式是 $\int g^{\mu\nu}\sqrt{-g}\underbrace{\delta R_{\mu\nu}}_{3}\mathrm{d}^4x = \int \frac{\partial}{\partial x^l}\left(\sqrt{-g}w^l\right)\mathrm{d}^4x$，它的数学意义是四维体积 d^4x 的超曲面沿着边界的积分应当为零，因此，变分 3 等于零。那么，引力场的变分 δS_g 就是变分 1 和变分 2 之和

$$\delta S_g = \int\left(R_{\mu\nu} - \frac{1}{2}g_{\mu\nu}R\right)\delta g^{\mu\nu}\sqrt{-g}\mathrm{d}^4x \tag{3-65}$$

为了与物质产生的空间曲率的变分 S_m 相协调，式 (3-65) 乘以光速 c 和引力常数 G 组成的系数 $\left(-\frac{c^3}{16\pi G}\right)$，当然，对 S_m 也必须乘以相同的系数，才能保证总变分不变，具有确定性。

$$\delta S_g = -\frac{c^3}{16\pi G}\int\left(R_{\mu\nu} - \frac{1}{2}g_{\mu\nu}R\right)\delta g^{\mu\nu}\sqrt{-g}\mathrm{d}^4x \tag{3-66}$$

而物质作用量 S_m 的变分就是张量 $T_{\mu\nu}$ 按照拉格朗日变分 $\delta L = \frac{\partial L}{\partial q}\delta q - \frac{\mathrm{d}}{\mathrm{d}x^l}\frac{\partial L}{\partial\frac{\partial g^{\mu\nu}}{\partial x^l}}\delta q$ 导出，将张量 $T_{\mu\nu}$ 的表达式 (3-31) 代入上式中的拉格朗日函数 L，即可得出如下结果

$$\frac{\partial\sqrt{-g}L}{\partial g^{\mu\nu}} - \frac{\partial}{\partial x^l}\frac{\partial\sqrt{-g}L}{\partial\frac{\partial g^{\mu\nu}}{\partial x^l}} = \frac{1}{2}\sqrt{-g}T_{\mu\nu} \tag{3-67}$$

立即可得作用量 $T_{\mu\nu}$ 的变分 (在式 (3-44) 中，已经指出，能流密度和动量密度都包含光速 c 的倒数因子 $1/c$)

$$\delta S_m = \frac{1}{2c}\int T_{\mu\nu}\delta g^{\mu\nu}\sqrt{-g}\mathrm{d}^4x \tag{3-68}$$

也可以类似于作用量 S_g 的表达式那样处理，即将能量–动量张量 T_{ik} 的变分直接写成在 g_{ik} 变化时的变分：$\delta S_m = \delta\int T_{ik}\sqrt{-g}\mathrm{d}x^4 = \frac{1}{2c}\times\int T_{ik}\delta g^{ik}\sqrt{-g}\mathrm{d}x^4$，再乘以系数 $\left(-\frac{c^3}{16\pi G}\right)$，使总的变分保持不变，如下式所示

$$\delta S_m+\delta S_g=-\frac{c^3}{16\pi G}\int\left(R_{\mu\nu}-\frac{1}{2}g_{\mu\nu}R-\frac{8\pi G}{c^4}T_{\mu\nu}\right)\delta g^{\mu\nu}\sqrt{-g}\mathrm{d}^4x=0 \tag{3-69}$$

显然，$\delta g^{\mu\nu}\sqrt{-g}\mathrm{d}^4x \neq 0$，要想使式 (3-69) 的总变分等于零，只能是括号中的表达式等于零，

$$R_{\mu\nu}-\frac{1}{2}g_{\mu\nu}R-\frac{8\pi G}{c^4}T_{\mu\nu}=0 \tag{3-70}$$

通常写成如下三种形式，也就是协变、逆变和混变张量形式

$$R_{\mu\nu}-\frac{1}{2}g_{\mu\nu}R=\frac{8\pi G}{c^4}T_{\mu\nu} \tag{3-71}$$

$$R^{\mu\nu}-\frac{1}{2}g^{\mu\nu}R=\frac{8\pi G}{c^4}T^{\mu\nu} \tag{3-72}$$

$$R^{\mu}_{\nu}-\frac{1}{2}\delta^{\mu}_{\nu}R=\frac{8\pi G}{c^4}T^{\mu}_{\nu} \tag{3-73}$$

这就是著名的爱因斯坦引力方程，方程左边的张量称作爱因斯坦张量：$R_{\mu\nu}-\frac{1}{2}g_{\mu\nu}R$。由于 $g_{ij}=g_{ji}$，只有 10 个独立分量，因此，引力

场方程也只有 10 分量方程。现在看一看如何由场方程 (3-72) 得到牛顿–泊松的引力势方程，当引力场为弱场时 (也就是质点在引力场中的圆周运动速度远小于光速 c，等价地说，空间几乎平坦，曲率很小)，根据式 (3-49)，宏观物体的动量–能量张量 T_i^k 如下式所示

$$T_i^k = (p+\varepsilon)\,u_i u^k - p g_i^k \tag{3-74}$$

当 $i=k=0$ 时，$T_0^0=\varepsilon=\rho c^2$，再将爱因斯坦方程的指标改写成与式 (3-73) 一致，当 $i=k=0$ 时，可得

$$\begin{aligned} R_i^k &= \frac{8\pi G}{c^4}\left(T_i^k - \frac{1}{2}\delta_i^k T\right) \\ \text{和}\quad R_0^0 &= \frac{4\pi G}{c^2}\rho \end{aligned} \tag{3-75}$$

考虑到式 (3-63) 在指标 $i=k=0$ 和忽略二阶小量时，$R_0^0=R_{00}=\dfrac{\partial \Gamma_{00}^{\alpha}}{\partial x^{\alpha}}$，由式 (1-27) 有 $\Gamma_{00}^{\alpha}\approx -\dfrac{1}{2}g^{\alpha\beta}\dfrac{\partial g_{00}}{\partial x^{\beta}}$，注意到 $g_{00}=1+\dfrac{2\varphi}{c^2}$，立即可得如下结果

$$R_0^0 = \frac{1}{c^2}\frac{\partial^2\varphi}{(\partial x^{\alpha})^2} \equiv \frac{1}{c^2}\Delta\varphi \tag{3-76}$$

注意到式 (3-75)，由此便得到牛顿–泊松的引力势方程

$$\Delta\varphi = 4\pi\rho G \tag{3-77}$$

这个方程的解是引力势

$$\varphi = -G\int \frac{\rho}{r}\mathrm{d}V \tag{3-78}$$

对于质量为 m 的单一物体，引力势便是 $\varphi=-G\dfrac{m}{r}$，对于另一质量

为 M 的物体的作用力便是 $F=-GM\dfrac{\partial\varphi}{\partial r}=-G\dfrac{Mm}{r^2}$ —— 牛顿万有引力定律。

对于引力场方程基本的物理含义，惠勒 (J. A. Wheeler) 精辟地指出：物质告诉时空如何弯曲，时空告诉物质如何运动 (Matter tells spacetime how to curve, and spacetime tells matter how to move)。用微分几何的语言表述，引力场就是由弯曲空间 M 和时空曲率的度量 g 组成的流形 (M,g) 与物质张量 $T_{\mu\nu}$ 之间的相互作用。但是，我们并不知道二者是如何相互作用的，引力的张量方程的突出特点是将复杂的因果关系联系起来，然后在可能的情况下，分析它们之间的对应关系，这里十分明确的是，建立该方程之前，并不知道它们之间的相互作用的具体图景，方程将二者联系起来，只有通过分析，物理直观和求解方程才能逐步了解引力与时空的本质。非常庆幸的是，对于广义相对论而言，一个严格的解析解出现了，它的价值远远超过了以前的那些观察实验结果，观测实验证实了爱因斯坦作出的预测，而严格解析解的获得则开拓了广义相对论的一片新的疆域。

引力场方程的未知函数就是度规张量 $g_{\mu\nu}$，由于场方程是高度非线性的，极难求解，但是，在场方程正式发表不到一个月，也就是 1915 年 12 月，身处第一次世界大战俄国战场壕沟中的年轻的德国天文学家史瓦西 (K. Schwarzschild, 1893～1916)，20 世纪最杰出的物理学家和天文学家之一，在传染病折磨去世前夕，得出一个球对称情况下的严格解

$$\mathrm{d}s^2=-c^2\left(1-\frac{2GM}{c^2r}\right)\mathrm{d}t^2+\left(1-\frac{2GM}{c^2r}\right)^{-1}\mathrm{d}r^2$$

$$+ r^2(\mathrm{d}\theta^2 + \sin^2\theta\mathrm{d}\varphi^2) \tag{3-79}$$

如果和 1.4 节给出的欧几里得空间中，笛卡儿球面坐标系的弧长公式 $\mathrm{d}s^2 = \mathrm{d}r^2 + r^2\mathrm{d}\theta^2 + r^2\sin^2\theta\mathrm{d}\phi^2$ 作一比较，就可以看出，由于引力场方程是在闵可夫斯基坐标系和黎曼弯曲空间中表示的，因此，式 (3-79) 中的第一项就代表了时间轴上的分量；而第二项则是空间弯曲程度的度量，光速 c 自然是这种空间中引力场必然包含的普适常量。式中 M 是产生引力场的总质量，由这个解也可以推出广义相对论的三大预言 (星系谱线的红移、水星近日点的进动和强引力场中光线的弯曲)，预言引力坍缩和黑洞的存在，由式 (3-79) 可以得出黑洞的度规张量如下

$$g_{ab}^{\mathrm{bh}} = \begin{pmatrix} -1 + \dfrac{2GM}{r} & 0 & 0 & 0 \\ 0 & \left(1 - \dfrac{2GM}{r}\right)^{-1} & 0 & 0 \\ 0 & 0 & r^2 & 0 \\ 0 & 0 & 0 & r^2\sin^2(\theta) \end{pmatrix} \tag{3-80}$$

可谓是对爱因斯坦理论的重大贡献，感人至深，英名永存。因为，星系谱线的红移和强引力场中光线的弯曲，是爱因斯坦在 1907 年根据等效原理推出的结果，1911 年又对 1907 年给出的光线弯曲的数值进行了修改，增大为原值的两倍；水星近日点的进动是在 1915 年 11 月 18 日的论文给出的，所用的是 $r_{\mu\nu} = -kT_{\mu\nu}$ 这样的近似方程。因此，史瓦西得出的严格解对于广义相对论的意义是深远的 (在此之后，陆续出现了几种不同条件下的解，就不再叙述了)。特别是对黑洞存在的预言，极为重要，根据电磁波产生的机理，两个致密星体沿着公共

质心旋转时，可以辐射引力波，但是，这种辐射的能量与光速 c 的 c^{-5} 以及极小的引力常数 G 成正比，如此微弱的引力波的测量在当时是不可想象的，加之爱因斯坦又不相信自然界中存在黑洞，因此，从 1916 年在场方程线性化和弱场近似条件下预言引力波四极矩辐射的存在，到 1937 年出现怀疑，就是受这个因素的影响。值得庆幸的是，在爱因斯坦预言引力波整 100 周年之后，2016 年 2 月 11 日，科学合作机构 (LIGO Scientific Collaboration) 宣布 LIGO 首次直接探测到引力波，具体时间为 2015 年 9 月 14 日。LIGO 在美国路易斯安那州和华盛顿州的两个探测器，上千人的研究团队经过近 40 年持续努力，终于探测到据信 13 亿年前两个分别为 29 和 36 倍太阳质量的黑洞合并的事件 (GW150914)。在合并过程的最后不到一秒时间内，约三倍太阳的质量转化为引力波发射出来。但是，到达 13 亿光年之外的地球时，其产生的峰值应变仅为 10^{-21}，这相当于地球与太阳间的距离发生一个氢原子大小的改变。这么微弱的变化，被精密的大型激光干涉仪探测到 (精度为 10^{-22})，进一步验证爱因斯坦的广义相对论的正确性，同时，这一重大成果也获得了 2017 年的诺贝尔物理学奖。

关于引力场方程，需要说几句题外的话。物理学家需要寻找一种合适的数学表达来描述实际的物理规律，数学家并不缺少这种才能，但是，遗憾的是没有面对自然界涌现出的重大问题，一次次将创造新概念的机会让位于科学实践领域的探索者。希尔伯特几乎是一位数学领域全才的数学家，也是一位造诣很深的物理学家，1915 年 6 月 28 日 ~7 月 5 日在聆听了爱因斯坦应邀在哥廷根 (Göttingen) 所做的 6 次关于引力场方程的学术报告之后，受到启发，快速进入建立场方程的冲刺阶段，从数学方面沿着通过作用量变分的途径获得了引力场方程。爱因斯坦则应用张量通过物理方法建立了引力场方程，希尔伯特无意于在引力场领域博取声誉，主动退让；爱因斯坦激烈的情绪开始缓解，两位世纪伟人化解了“李杨之争”。科学界将场方程称作爱因斯坦方程，将变分中的作用量称作爱因斯坦-希尔伯特作用量或者希尔伯特-爱因斯坦作用量，用以纪念他们二人分别对场方程的建立做出的重要贡献。但是，爱因斯坦对张量从物理方面深刻的理解，依据场方程所做出的重大预测，其思想的深邃，凸显的数学的内在美和显示的科学力量，一直感动着人们，真是无与伦比！

这里有一个令人困惑而很少被涉及的问题是，爱因斯坦几乎苦苦探索八年之久的引力场方程，希尔伯特却在聆听了爱因斯坦的 6 次报告之后，就能在建立引力场方程的竞争中，几乎同时到达终点，这中间自然存在从物理学思索引力问题和从数学思索引力问题的不同，或者说，物理学家和数学家对待和处理引力问题的方式以及着眼点不同，各有不同的研究风格。那时，引力问题无疑是一个科学界的热点问题，有资格参与攻克这个重大难题的似乎只有爱因斯坦和希尔伯特两人，他们之间竞争的严峻态势彼此是完全可以感受到的，1915 年 11 月 20 日 ~25 日已有的文字资料，两人发表的短文，往来通信，显示出各自匆忙而紧张的迹象，已无往日的优雅，竞争胜出的自然是数学方法，而揭示引力本质的则是物理学方法，似乎更胜一筹。因此，从物理意义方面理解张量分析非常重要，而张量计算的数学技巧也不可或缺，二者相得益彰，相辅相成。由于数学方法具有客观性，在涉及广义相对论的专著中，特别是微分几何的著作中大都以变分方法为基础来介绍获得场方程的过程。这里不得不说，如果爱因斯坦不是轻视数学方法，或许建立引力场方程的过程会缩短，也不至于像爱因斯坦自己所说的，遇到难以想象的困难，曲折和困顿，他曾无限感慨：“在黑暗中探寻我们感觉到却说不出的真理的岁月里，渴望越来越强，信心时来时去，心情焦虑不安，最后终于穿过迷雾看到光明，这一切，只有亲身经历过的人才会明白”(见参考文献 [26])。其实，麦克斯韦方程组对洛伦兹变换是不变的，究其原因，就是方程组正好既是对称的又包含光速这个普适的物理量，闵可夫斯基在 1907 年针对相对论提出了时空坐标系，将时间以 ict 方式引进笛卡儿坐标系，由于包含了光速，采用张量形式论述了狭义相对论，这二者结合，自然具有独立于坐标系的客观性，理应受到爱因斯坦的欢迎，遗憾的是他对自己大学求学时的老师的卓越贡献却说，这完全是多余知识的卖弄。难怪希尔伯特不无讽刺地回敬道：“哥廷根街道上的每一个小孩都比爱因斯坦还懂得四维几何，尽管如此，建立相对论的是爱因斯坦，而不是数学家”。只是爱因斯坦后来才发现闵可夫斯基时空和坐标系对于建立引力场方程极端重要，闵可夫斯基坐标系与黎曼空间结合，通过曲率张量写出方程 (3-52)，对于爱因斯坦也就不是难事，至于等效原理和广义协变性等概念在探讨和思索问题时有用，但对于建立引力场方程则无必要。本质上，狭义与广义相对论的出发点是探讨物理规律在参考坐标系之间变换的不变性，如何保证在欧几里得空间和黎曼空间中物理规律的不变性，闵可夫斯基空间就是连接这二者的桥梁，张量分析正好是有力的数学工具。我们这里的看法不是以当前对广义相对论的知识为基础，而是以当时已有的数学水平和引力场方程的结果为依据提出的。

最后，值得指出的是，被誉为上帝的鞭子，以严厉批评著称的泡利 (W. Pauli)，在 1955 年悼念爱因斯坦逝世时，为纪念这位世纪伟人，在其新版的《相对论》序言中曾经说过："我认为相对论可以作为一个例子，用来证明一个基本的科学发现，尽管有时还要遭受到它的创始者的阻力，也会沿着它本身自发的途径，而进一步得到蓬勃的发展"(见参考文献 [27])，后来广义相对论在宇宙学研究方面的发展证明泡利的评论的预见性，爱因斯坦对引力场方程的严格解 (就是引力场方程发表一个月后的 1916 年初，史瓦西在第一次世界大战苏德战区的战壕里得出的严格解) 能否反映物理世界的真实性，一直持有深深的怀疑态度，延缓了他在世时已经出现的一些重大天文学发现的进展，这些发现，在 1960 年代之后促进了天文学迅速发展。

爱因斯坦也不看好狄拉克在相对论与量子理论结合方面的突出贡献 (特别是预言正电子的存在)，从未向诺贝尔奖委员会推荐过狄拉克，而是多次推荐过其他量子力学的精英，如薛定谔，波恩 (M. Born)，德布罗意 (L. de Broglie)，泡利和海森堡 (W. Hessenberg) 等。

科学发现的冠名权不是知识产权，科学发现是一片自由的天地，发现者不能设置壁垒，高墙或篱笆，世间伟人几乎没有例外地将发现的冠名有意或无意地以各种方式等同于所有权，即使爱因斯坦也不能超脱这种羁绊！

3.5　结　束　语

对于作者而言，介绍张量运算和应用的小册子到此就结束了；对于读者，在掌握了张量这一数学工具之后，则是更深入地研究自己感兴趣的专门科技领域的开始。

在 20 世纪 60 年代到 80 年代，国际上正是张量分析、微分流形和纤维丛等微分几何分支学科迅速发展的关键时期，它在许多科技领域得到广泛应用。

流形可以看做是一点邻域的局部笛卡儿坐标 (标架)，平面、球体都可以称作流形，这当然不是流形的基本数学含义，在曲面坐标系或弯曲空间中，在曲线或曲面的每一个点，都可以建立一个局部笛卡儿坐标，流形就是这样的笛卡儿坐标序列，赋予每一个点的坐标值，就构成连续函数序列，形成可微分流形，定义在流形上的张量就是几何不变量，它与坐标系的选择无关，但是，张量的分量则是通过坐标系表示的。张量就沿着这个方向向前发展，因此，张量是微分几何研究的重要内容，引力场很自然地成为它的一个重要学科分支。它的进一步发展，也许就是规范场 (即 Yang-Mills 方程)，它将对称性与作用力联系起来，在统一场的研究中已有重要发现。

引力场方程在宇宙空间的结构和演化规律的研究中，得到发展，引力几何化的思想并没有褪色，依然起着重要作用，爱因斯坦深信场方程对宇宙空间结构和演化的研究是至关重要的，现实正在一步步证实这个预言。

爱因斯坦留给世人的哲学思想是：物理学理论的确定性 (因果关系) 和量子世界的实在性 (客观测量)。物理学家能否保持着这种信念前进呢，答案在前方。

参 考 文 献

[1] 阿尔伯特 · 爱因斯坦著. 狭义与广义相对论. 张卜天译. 北京：商务出版社, 2016

[2] 爱因斯坦等著. 相对论原理 (狭义相对论和广义相对论经典论文集), 赵志田、刘一贯译, 孟昭英校. 北京：科学出版社, 1980

[3] 爱因斯坦, A 著. 狭义与广义相对论. 杨润殷译, 胡刚复校. 上海：上海科学技术出版社, 1979

[4] Chandrasekhar, S 著. 莎士比亚、牛顿和贝多芬——不同的创作模式. 杨建业, 王晓明译. 长沙：湖南科学技术出版社, 1996

[5] Clark, R. Einstein: The life and times, New York: World Publishing, 1971, 159

[6] Dafermos, M. 广义相对论和爱因斯坦方程, Ⅳ.13.272-291, 普林斯顿数学指南, Timothy Gowers 主编, 齐民友译. 北京：科学出版社, 2013

[7] 狄拉克, P A M 著. 广义相对论. 朱培豫译. 北京：科学出版社, 1979

[8] Dirac, P A M. General Theory of Relativity, Princeton University Press, New Jersey, Peinceton, 1975

[9] 杜布洛文, Б A, 诺维可夫, C П, 福明柯, A T 著. 现代几何学：方法与和应用 (第一卷). 胥鸣伟译. 北京：高等教育出版社, 2013

[10] 范天佑. 弱引力场中 Einstein 引力波简介. 力学与实践, 2016, 38(3): 353-355

[11] 冯麟保, 刘雪成, 刘明成编著, 广义相对论. 长春：吉林科学技术出版社, 1995

[12] 冯元帧著. 连续介质力学初级教程 (第三版). 葛东云, 陆明万译. 北京：清华大学出版社, 2009

[13] Gowers, T 主编. 普林斯顿数学指南 (第二卷：Ⅳ.13, 广义相对论和爱因斯坦方程, 272–291). 齐民友译. 北京：科学出版社, 2014

[14] 郭仲衡编著. 张量 (理论和应用). 北京：科学出版社, 1987

[15] 黄宝宗编著. 张量和连续介质力学. 北京：冶金工业出版社, 2012

[16] 黄克智, 薛明德, 陆明万编著. 张量分析. 北京：清华大学出版社, 2009

[17] Jeevanjee, N. An Introduction to Tensors and Group Theory for Physicists, Birkhauser, 2011

[18] Kolecki, Joseph C. Foundations of Tensor Analysis for Students of Physics and Engineering With an Introduction to the Theory of Relativity, Glenn Research Center, Cleveland, Ohio, NASA/TP—2005-213115

[19] Kundu, P K, Cohen, I M, Dowling, D R. Fluid Mechanics, Fifth Edition, Academic Press, 2012; 北京：世界图书出版公司, 39–64：857–868, 2013

[20] 米先柯, A C, 福明柯, A T 著. 微分几何与拓扑学简明教程. 张爱和译, 胡和生, 陈维桓, 姜国英校. 北京：高等教育出版社, 151–191, 2014

[21] 朗道, Л Д, 栗弗席兹, E M著. 流体动力学. 李植译, 陈国谦审. 北京：高等教育出版社, 2013

[22] 朗道, Л Д, 栗弗席兹, E M著. 场论. 鲁欣, 任朗, 袁炳南译, 邹振隆校. 北京：高等教育出版社, 2015

[23] Laurie M Brown, Abrahan Pais, Brian Pippard 著. 20 世纪物理学, 第一卷, 211–306. 刘寄星主译. 北京：科学出版社, 2014

[24] 刘连寿, 郑小平著. 物理学中的张量分析. 北京：科学出版社, 2008

[25] 吕盘明编著. 张量算法简明教程, 合肥：中国科学技术大学出版社, 2008

[26] Pais, A 著. 爱因斯坦传. 方在庆, 李勇等译. 北京: 商务印书馆, 2004

[27] 泡利, W 著. 相对论. 凌德洪, 周万生译. 上海：上海科学技术出版社, 1979

[28] Pope, S B. Turbulent Flows. 北京：世界图书出版公司, 643–669, 2000

[29] Simmonds, J G. A Brief on Tensor Analysis, Springer-Verlag, New York, Ink; Second Edition, 1994, 北京：世界图书出版公司, 2012

[30] 宋来忠著. 张量分析及其应用. 武汉：武汉大学出版社, 2016

[31] 田宗若编著. 张量分析. 西安：西北工业大学出版社, 2016

[32] 吴大猷著. 相对论 (理论物理第四册). 北京：科学出版社, 1983

[33] 吴时敏编. 广义相对论教程. 北京：北京师范大学出版社, 1998

[34] 谢多夫, Л И. 著. 连续介质力学 (第一卷)(第 6 版). 李植译. 北京: 高等教育出版社, 9–125, 2007

[35] 余天庆, 熊睿编著. 张量分析概要及演算. 北京：清华大学出版社, 2014

[36] 余允强编著. 广义相对论引论. 北京：北京大学出版社, 2015

[37] 约翰 · 斯塔赫尔主编. 爱因斯坦奇迹年 —— 改变物理学面貌的五篇论文. 范岱年, 许良英译. 上海：上海科学技术出版社, 2016

[38] 中国大百科全书, 数学卷. 北京：中国大百科全书出版社, 1988

[39] 中国大百科全书, 物理卷. 北京：中国大百科全书出版社, 1988

[40] 张若京编著. 张量分析简明教程. 上海：同济大学出版社, 2010

[41] 赵松年, 于允贤. 从坐标系到张量 —— 学习和理解张量的一条捷径, 力学与实践, 第 38 卷第 4 期, 432–442, 2016

[42] 赵松年, 于允贤著. 湍流问题十讲 —— 理解和研究湍流的基础, 北京：科学出版社, 2016(第 4 次印刷)

[43] 张天蓉著. 上帝如何设计世界 —— 爱因斯坦的困惑, 北京：清华大学出版社, 2015

[44] 赵峥, 刘文彪. 广义相对论基础. 北京：清华大学出版社, 2016

索　引

人 名 索 引